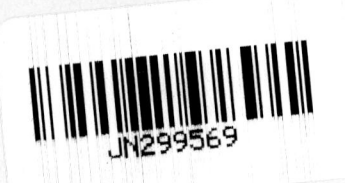

宇宙は
すぐそこに

――「はやぶさ」に続け！――

大同大学長・JAXA顧問
澤岡　昭 著

はじめに

私は30歳から30年間、東京工業大学で充実した研究者生活を送ることができました。40歳の時、当時の宇宙開発事業団が米国のスペースシャトルの半分を借り、日本人科学者の手で宇宙実験する計画を進めていると知り、幸いにも推進チームの一員に加わることができました。

以来、スペースシャトルや宇宙ステーションをはじめ、人工衛星の利用、惑星探査など、日本の宇宙開発のほとんどにいろいろな形で参加できました。そうしているうち、私自身が宇宙へ行き、無重力の世界で実験をしたいと考えるようになりました。その願いは70歳を過ぎても日に日に強くなっています。

日本は、何度も危機を乗り越え、夢を実現させてきました。2009年7月には、国際宇宙ステーション（ISS）に日本実験棟「きぼう」が完成しました。私をはじめ関係者みんなが望んでいた日本の宇宙実験室が、現実のものになったのです。美しく静かで、機能的な“日本の家”は、ISSの中でも主役的存在として活動を続けています。

2010年6月には、映画化もされた小惑星探査機「はやぶさ」がオーストラリアの砂漠にパラシュートで帰還し、世界中から称賛を浴びました。しかも、小惑星「イトカワ」の鉱物を持ち帰ることにも成功しました。まさに奇跡でした。小惑星から鉱物を持ち帰る計画は「サンプルリターン計画」と名付けられ、1985年にスタートしました。後に計画の責任者になった川口淳一郎さんは、当時30歳。旧文部省宇宙科学研究所の助手でした。それから、はやぶさの打ち上げまで18年、帰還までさらに7年、合わせて四半世紀にわたる長期間のプロジェクトが粘り強く続けられました。

私は折に触れ、その進行を見守ることができました。打ち上げまでの苦労はもちろん、打ち上げ後も多くのトラブルに見舞われ、もうだめだと思われたことが何度もあり

はじめに

ました。多くの困難を克服し、世界で初めて、月以外の天体から鉱物を持ち帰るという偉業が達成されたのです。川口さんは著書の中で「技術が必要であることはもちろんだが、もっとも大切なのは根性。根性とは意地と忍耐だ」と述べています。私より17歳若い川口さんから、たくさんのことを教えられました。

元来、大きな宇宙探査計画は立案から実行まで10年以上かかり、意欲的な内容であるほど失敗の確率は高いものです。打ち上げまでこぎつけても、半分以上が失敗しています。一つの部品の故障で、10年の苦労が一瞬で吹き飛ぶことがあるわけです。宇宙開発は、夢もリスクも同じぐらい大きいのです。

それは、宇宙飛行士も同じです。2011年に国際宇宙ステーションに滞在した古川聡さんは、飛行士に選ばれてから宇宙へ飛び出すまで12年間も待ちました。古川さんの口癖は「あきらめない」と「継続は力なり」です。飛行士は毎年、厳しい医学検査を受けますが、異常が見つかりリタイアした飛行士が多くいます。宇宙へ行けるという保証がないまま、不安と闘いながら長期間待つ飛行士には、人には分からない苦しみがあるはずです。だからこそ、成功した時の喜びが大きいのだと思います。

2011年3月11日、東日本大震災と、これによる福島第一原子力発電所の爆発事故という未曽有の悲しい出来事が起こりました。その苦しみは今も終わっていません。未来は、宇宙開発を前進させてきた日本人特有の意地と忍耐で切り開くしかないと思います。本書は2009年6月から12年3月まで、中日新聞文化面に34回連載したエッセー「宇宙は手の届くところに」を再構成したものです。これからの日本を背負って立つ若者向けに、できるだけやさしく書いたつもりです。お読みになる方が、さまざまな可能性を秘めた宇宙を身近に感じ、素晴らしい未来に思いをはせられたとしたら幸いです。

著　者

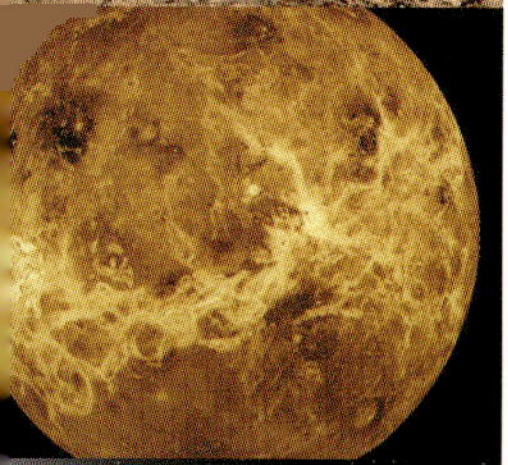

宇宙はすぐそこに—「はやぶさ」に続け!

Contents

Contents

目 次

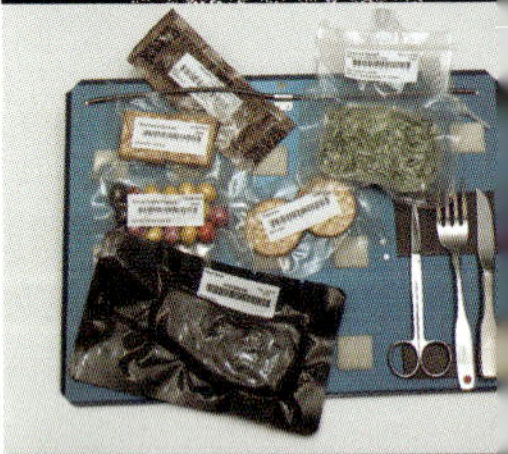

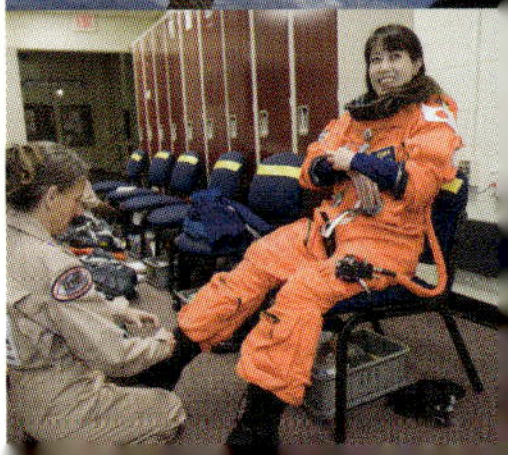

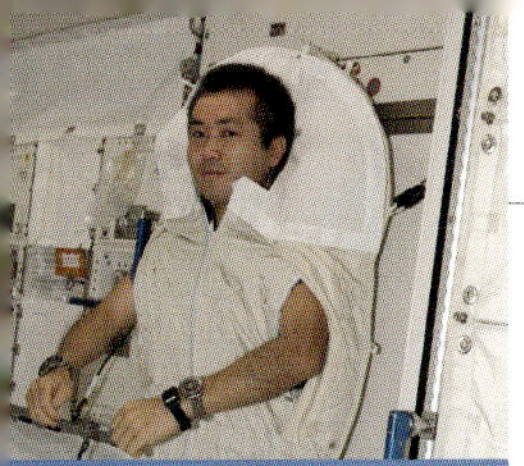

N328KF
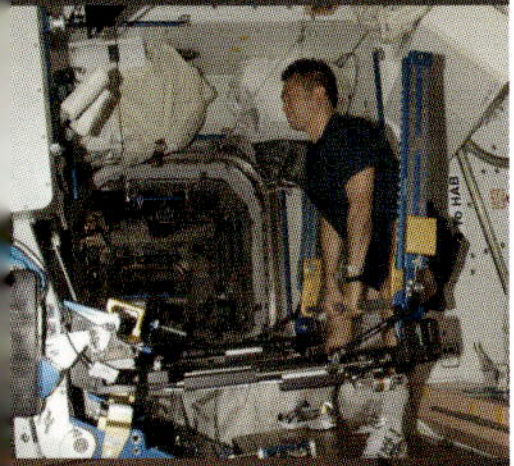

Mission《ミッション》 1 はやぶさの話

執念実った「奇跡の生還」

2010年6月13日、小惑星探査機「はやぶさ」が、7年間の長旅を終えて帰ってきた。多くの国民に夢と感動を与えた、まさに「奇跡の生還」であった。この言葉を聞いて思い出すのはアポロ13号の生還劇である。1971年、3人の宇宙飛行士を乗せた月ロケットが故障し、米航空宇宙局（NASA）があらん限りの手を使って飛行士を帰還させたのはあまりに有名だ。アポロ13号帰還の一番の立役者は、地上の飛行管制チームだった。

はやぶさ帰還の立役者もそうだった。リーダーは、宇宙航空研究開発機構（JAXA）の川口淳一郎教授。はやぶさ計画が予算要求されたのは1995年で、当時、彼は39歳だった。チームのほとんどが35歳以下と若かった。地球と火星の間に軌道をもつ直径約550mの小惑星「イトカワ」に探査機を着陸させ、岩石を採取し帰還させる。後にJAXAとなる旧文部省の宇宙科学研究所（ISAS）の併任教授だった私が、計画を審査する工学委員会のメンバーとしてミッションの全容を知った時は、心底耳を疑ったものだ。あまりにも無謀な計画だ、と。

主力の推進器として提案されたイオンエンジンは、1基あたり1円玉を持ち上げる程度の力しかない。エンジンは4基搭載するが、そのうち1基は予備である。クセノンという特殊なガスに電子レンジと同じ原理でマイクロ波を照射してイオンと電子に分解し、電圧によっ

打ち上げ前の「はやぶさ」。4つのイオンエンジン噴射孔が見える。帰還カプセルはエンジンの反対側にあり、左右の太陽電池パネルは折り畳まれている（JAXA提供）

てイオンを噴き出し推進する。力は弱いが、時間をかけて徐々に加速すれば、ついには秒速10km以上にすることができる。そのためには、連続1万時間程度の耐久性が必要になる。このエンジンに挑戦し、成し遂げたのは、ISASの國中均教授のグループだった。

「日本のロケットの父」とたたえられる糸川英夫博士が基礎を作り、弟子たちが発展させた日本独自の大型固体燃料ロケットM5によって、2003年、はやぶさは鹿児島県の内之浦射場から打ち上げられた。

執念実った「奇跡の生還」

1年半後、はやぶさはイトカワに着地したが、姿勢が崩れ安全プログラムが働いたため、残念ながら岩石採取装置が作動しなかった。はやぶさは2回の離着陸を繰り返し、地球に向け帰還を始めた直後に姿勢制御装置も働かなくなり、通信が途絶え、どこを飛んでいるのか分からなくなってしまった。川口教授らの懸命の捜索で、45日後にようやく捕捉することができた。

4基のイオンエンジンは打ち上げ4カ月後に1基が不調となり、往路は3基を使ったが、復路で次々とダウンし、帰還は絶望と思われた。イオンエンジンの製造はNECが行い、責任者は堀内康男シニアマネジャーだった。同氏はISASの栗木恭一研究室で國中氏と兄弟弟子の関係にあった。修士課程修了

小惑星イトカワと飛行する「はやぶさ」のイメージ図（池上章裕氏提供）

後、イオンエンジンを開発する約束でNECに就職し、以来22年間、この道一筋。企業では珍しい経歴をもつ技術者である。

満身創痍《まんしんそうい》で世紀の偉業

実は、故障した2基の生きている部分を遠隔操作でつなぎ、1基のエンジンとして作動させるための回路がひそかに仕込まれていた。作業では2基分の電力を注入するので、「中和器」と呼ばれる部分の耐久性が心配された。作戦を打診された川口リーダーは驚き、悩んだ末に回路切り替えの許可を出した。その後、川口リーダーは中和器の無事を祈ろうと、インターネットで見つけた岡山県真庭市の「中和神社」にお参りしていた。もっとも、後にこの神社の読みは「ちゅうかんじんじゃ」だったことが分かるのだが、神様には川口リーダーの真剣な思いが届いたようだ。堀内氏は、はやぶさの4つのイオンエンジンに、こっそり自分と妻、息子、娘の名前を付けていたのだが、彼と妻の名前を付けたエンジンの回路が、見事つながったのだ。

はやぶさ打ち上げの年、川口教授もいたISASと宇宙開発事業団、航空宇宙技術開発研究所が統合し、JAXAが発足した。満身創痍のはやぶさが地球への不安な旅を続けていた06年、糸川博士ゆかりのM5ロケットの運用廃止が決まった。川口教授も國中教授、堀内氏も糸川博士の孫弟子である。何としてもはやぶさを帰し、M5の有終の美を飾りたい。そんな執念にも似た祈りが、帰還成功の原動力になったと私は信じる。

帰還したカプセルには、はやぶさ着地の時と弱い逆噴射ガスによって舞い上がった砂粒が付着していることが期待された。イトカワは約550mの小さな惑星であるため、地上の10万分の1の重力しかない。舞い上がった砂粒は落下せず、回収カプセルに侵入して壁に付着しているはずだ。多くの研究者の祈りと期待を載せて、はやぶさはオーストラリア・ウーメラ砂漠にパラシュートによって軟着陸したのだった。

ミッション Mission 2 はやぶさ2の話

3億キロ先の鉱物採取へ

奇跡の生還で、映画化されるほど国民的関心を集めた探査機「はやぶさ」が、小惑星イトカワから持ち帰った鉱物の分析が進んでいる。試料収納容器2個のうち、1個から回収された0.01〜0.1mmの微粒子約1500個が調べられた。

その結果、ほとんどが、かんらん岩と輝石の破片で、その他の粒子も地球の岩石に似た「石質隕石《せきしついんせき》」に含まれているものとほぼ同じ成分だったことが分かり、2011年3月に公表された。国民の中には「当たり前の結果で、騒ぐほどのことではなかった」と、落胆した人が少なくなかったようだ。なぜなら、隕石は石質隕石のほか、鉄が主成分の鉄隕石、炭素が多く含まれる炭素隕石の3つに大きく分類され、地球に落下した隕石の大部分は、地球と火星の間に分布する小惑星の破片と予想されていたからである。

地球の岩石は空気や水によって風化する上、地熱と圧力の影響を受けており、46億年前に地球が誕生した時そのままの状態ではない。隕石も大気を高速で通過する時の熱と地表への衝突による衝撃で変化している。一方、小惑星は真空中にあるため空気による風化がないが、太陽風と呼ばれる宇宙線による風化を受けているはずだ。イトカワの鉱物には、誕生時の痕跡が残っているに違いない。その一つが、はやぶさが回収した微粒子中のガスである。分析データは、太陽系の天体が誕生する過程を知る上で貴重な情報となる。

東北大学の中村智樹准教授らは、特殊な装置を使って38個のイトカワ微粒子を精密分析し、驚くべき成果を挙げた。イトカワは宇宙のちりが集まって直径約20kmに成長した後、他の天体が衝突してバラバラになった。ほとんどが飛び散ってしまったものの、一部は再び集まり直径1km以下の小惑星になった。それが長い間の太陽風による風化によってやせ細り、現在の姿になった—とする仮説を論文で発表したのだ。この研究で最も強力な武器となったのが、兵庫県播磨科学公園都市と茨城県つくば学園都市にある放射光エックス線施設。いずれも国が設置した全国共同利用研究所にあり、外国人も多く訪れる世界に誇る施設である。

髪の毛の直径より小さな微粒子試料に波長のそろった超強力エックス線を照射することで、微量の

小惑星イトカワから持ち帰った岩石質鉱物の微粒子、幅約0.15㎜（JAXA提供）

3億キロ先の鉱物採取へ

成分はもちろん、原子配列までも調べることができる。イトカワで採取されたのは、それこそ目にも見えないほどの微粒子であり、ここまで分析できるとは誰もが予想していなかった。

はやぶさは、月以外の天体から初めて鉱物を地球に持ち帰った点で、世界的な偉業を果たした。月の鉱物は1969年、NASAのアポロ11号が月面着陸して以来、6機の宇宙船が計382kgを持ち帰った。NASAは世界中の有力研究者に呼びかけ、分析を依頼。その一人に選ばれた東京大学の故・秋本俊一教授は、磁気分析を担当した。

炭素質小惑星に銅製円盤を打ち込んだ瞬間の想像図。（下）は一時待避する「はやぶさ2」（池上章裕氏提供）

68年、大阪大学の助手だった私は、NASAのこの動きとは別に鉄輝石を合成して磁気測定し、論文を書いた。大学院生時代の研究テーマを生かし、ひっそり続けた仕事だったが、その後、秋本教授から「月の輝石の一つと、君が合成した鉄輝石の磁性が一致した」と電話をいただき、とても興奮したのを覚えている。地球の輝石の組《そ》成《せい》はマグネシウム、ケイ素、酸素が基本で、マグネシウムの一部が鉄に置き換わったものが多いが、完全な鉄輝石はまだ見つかっていない。今後、イトカワの鉱物にも月と同様、鉄輝石が見つかるのではと期待している。

炭素質小惑星を目指す

この広い宇宙で、生命はどのように誕生したのか。解明するには生命物質である炭素、窒素、リンを含む鉱物を天体から持ち帰って分析する必要があり、炭素質の小惑星を目指すのが早道である。小惑星の表面は太陽風にさらされ、鉱物の表面がダメージを受けている。特に、炭素やリンを含む鉱物は影響を受けやすいので、小惑星表面から数mの深さから採取したい。

これを使命とする探査機が「はやぶさ2」だ。はやぶさの帰還成功まで、はやぶさ2の予算獲得は絶望的だったが、成功によって復活し、現在では着々と準備が進んでいる。はやぶさ2のミッションはこうだ。目的地上空に到達すると、直径25cmの銅製円盤を打ち出す装置を切り離し、いったん退避。装置が小惑星表面に秒速2kmで円盤を爆薬で衝突させ、直径数mのすり鉢状のクレーターを作る。すぐに本体が戻り、降下して底にタッチ。その瞬間、鉱物を採取する。

はやぶさは、何度も絶望的なトラブルを乗り越えて帰還した。この経験を糧《かて》に、はやぶさ2はさらに難しいミッションに挑戦する。打ち上げ予定は2年後。目指す炭素質小惑星は、地球から約3億km先の小惑星群の中にある。はやぶさ2が見事、生命の起源に迫る物質を発見するのを今から楽しみにしている。

Mission《ミッション》 3　アポロ月面着陸の話

光と影の偉業から43年

1969年7月20日（日本時間同21日）、米国の宇宙船アポロ11号の飛行士が月面に降り立った。日本各地で新聞の号外が発行され、当時30歳だった私もこのニュースに感動した。あれから42年以上。50歳以上の人なら、当時の興奮を昨日のことのように覚えているかもしれない。

最近では「あの月着陸はうそで、巧妙な演出だった」と唱えるアポロ計画陰謀論が時々話題になる。2010年7月、NASAは、高分解能カメラを搭載した月探査機が、アポロ11号の月着陸船が月面に残した台座と飛行士の足跡の撮影に成功した、と発表した。しかし「コンピューターグラフィックスで制作された映像では」と、まだ納得いかない人もいるようだ。それほど、誰もが不可能だと思った大仕事だったのだ。

1950年代、米国と旧ソ連は宇宙開発をめぐってデッドヒートを繰り広げていた。当時の宇宙開発は大陸間弾道ミサイルの開発と表裏一体だったので、全てが秘密のベールに閉ざされていた。57年10月、旧ソ連は世界初の人工衛星「スプートニク1号」の打ち上げに成功した。ソ連に先を越された米国は、空軍、海軍がそれぞれ開発中だったロケットを使って人工衛星を打ち上げたが、失敗に終わった。

その後、陸軍が第2次世界大戦中にドイツのミサイル開発責任者だったV・ブラウン博士の指導を受け、ロケット打ち上げに成功したのだが、陸・海・空の3軍が別々に行っているロケット開発を一本化しなければソ連を超えることなど不可能な状態であった。この反省から、58年10月、3軍から選抜したメンバーを主体に、NASAが設立された。

61年4月12日。旧ソ連のY・ガガーリンが「ボストーク1号」で初の宇宙飛行を行い、またも米国は地《じ》団駄《だんだ》を踏む結果となった。一気に挽回するためには、アッと驚くような計画が必要だった。同年5月、J・F・ケネディ大統領はアポロ計画の実行を宣言した。「10年以内に人間を月に着陸させ、安全に帰還させる。この計画は過去にないほどの困難と経費が必要だが、わが

月面のアポロ月着陸船と宇宙飛行士（NASA提供）

国は挑戦する」と。63年11月にはケネディ大統領が暗殺されるのだが、副大統領のL・B・ジョンソンが大統領に就任し、計画はさらに加速された。全長111m、重量約3000トンの巨大な月ロケット「サターン5」の建造が始まった。

67年には、地上で秒読み試験中のアポロ1号司令船に火災が発生し、飛行士3人が死亡する悲しい事故が発生した。NASAは安全を最優先し、事故調査と改善策を提案する「7人委員会」を発足させた。宇宙飛行士F・ボーマンが加わった同委員会があまりに多くの改善要求をしたため、当初目標の達成は到底無理と思われる状態となった。そのうち、旧ソ連の月ロケット打ち上げが近いとの情報が米中央情報局（CIA）からもたらされ、NASAは再びねじを巻き始めた。当然、安全優先の声は急速にしぼんでいった。

事故の翌年、サターン5ロケットで初めての有人飛行が行われた。しかも、経験のない月周回もこの飛行で同時に行う挑戦的なものだった。打ち上げは12月21日。ボーマンを含む3人の飛行士が乗ったアポロ8号は、クリスマスイヴに月の裏側を周回する劇的な成功を収め、NASAは自信を深めた。その後2回の打ち上げを経て、月面着陸に向けたスケジュールが練り上げられた。

ここまで、驚くべき早さだった。旧ソ連に勝つため、あらゆる手段が講じられたのだ。この時期のNASAの記録を調べるにつけ、国が威信を賭《か》けるとはどういうことかを考えさせられた。今、米国に追いつこうと急ピッチで宇宙開発を進めている中国に、当時の米国の姿が重なる。

まさに危機一髪だった

さて、ついに3人の宇宙飛行士を乗せたアポロ11号が打ち上げられた。月を周回する司令船から、月着陸船にN・アームストロング船長とパイロットのB・オルドリンが乗り移り月面着陸に成功したが、着陸船の燃料は25秒間分しか残っていなかった。極度に緊張したの

月面に残されたアポロ11号N・アームストロング船長の足跡（NASA提供）

だろう。船長の心拍数は150を超えていた。危機一髪の離れ業であった。着陸船は着陸時に使う逆噴射ロケット付きの台座を捨てて身軽になり、離脱用の小型ロケットを噴射して司令船にドッキングした。

月面には、アポロ計画で着陸した6基の着陸船の台座が、今も月面に残されている。月面は真空状態なので、飛行士の足跡も半永久的に残ると考えられている。最近、NASAはアポロ11号の飛行士の足跡を人類の財産として永久に保存するため、台座近くに立ち入らないよう、世界各国と協定を結ぶ働きかけを行っている。

米国、中国をはじめ世界各国が月面基地の建設を計画している。飛行士の足跡保存だけではなく、汚染や資源開発が無秩序に行われるのを防ぐ条約を、世界は結ぶ必要がある。

Mission《ミッション》 4 アポロ13号の話

危機対応 奇跡の生還に学べ

NASAの宇宙飛行士候補者が、最初に見せられるものがある。アポロ13号の生還劇の記録映像だ。作家立花隆さんは、訳書『アポロ13号奇跡の生還』（新潮社）の前書きで「（月に初めて人間を送った）アポロ11号の成功より、アポロ13号の失敗のほうが、アメリカの宇宙技術のすごさを示している」と指摘している。

NASAは、陸・海・空軍のロケット部門を核に発足した機関である。3軍はロケット開発の思想も、実際のロケット打ち上げの運用方法も異なっていた。最初のころは管制方法をめぐって意見の不一致やトラブルがあったが、1960年代初めには、ほとんど現在と同じ管制方式が確立した。初代の飛行管制部長C・クラフトは、悪戦苦闘の末「打ち上げと運用の最終判断は現場責任者が行う」という思想を確立した。彼の下で育ち、若くして部長に抜てきされたG・クランッツがそれを徹底させた。

不吉な13「何か起こる」

70年4月11日13時13分、アポロ13号は、3人の宇宙飛行士を乗せてサターン5ロケットで打ち上げられた。元来、13という数字を嫌う米国人の中からは「何かが起こる」とささやく声が聞こえていた。心配は現実となり、13号は月の手前で支援船の酸素タンクが炸裂《さくれつ》。燃料電池の大部分が機能しなくなり、電力と水の供給がストップした。この深刻な事態に、36歳だっ

アポロ13号の帰還を見守る管制室（NASA提供）

たクランッツ飛行管制部長は4班の管制チームから人材を引き抜いて危機管理チームを編成し、帰還までの電力、水の確保や緊急マニュアルの作成に専念した。

月の裏側を回って、宇宙船を早く安全に地球に向かわせるためのロケット噴射方法の方針も決める必要があった。3人の管制主任が協議した結果、3つの案が作成され、NASAのジョンソン宇宙センター本部の会議で最終決定された。すべてが迅速《じんそく》だった。これらを根回しした中心人物は、センター副本部長の席にいたクラフトであった。

サターンロケットから切り離されたアポロ宇宙船は、司令船、支援船、月着陸船の3つからできている。月の上空で月着陸船を切り離し、支援船のロケットで地球に

危機対応 奇跡の生還に学べ

帰還。最後に3人の飛行士を乗せた司令船だけが大気圏に突入し、パラシュートを開いて南太平洋に着水する。これが通常の手順だが、アポロ13号は支援船が故障していたので、月着陸船のロケットエンジンを利用し、月の裏側を回って帰還させるシナリオが決定されたのだ。

NASAの危機管理は、決して冒険せず、時間がかかっても着実な道を選択する、というのが基本的な考え方だ。飛行士たちは零度近い寒さの中で震えながら、4日と3時間を耐えることになる。薄着だったこともあり、手が凍えて字が書けないほどだったという。

4交代で働く計96人の管制官が一体となって働くには、徹底した情報の共有が欠かせない。イヤホンから流れる飛行士と地上の交信、管制官同士のやりとりを他の管制

南太平洋に着水したアポロ13号の司令船からヘリでつり上げられる乗組員（NASA提供）

官もリアルタイムで聞くことができた。また「部長と班長は管制官個々の癖を熟知する必要がある」と考えたクランッツは、普段からスポーツ大会などを催し、管制官同士のつながりを強める努力を怠らなかった。

アポロ13号の事故ではこれが生きた。疲労のあまり、飛行士だけではなく管制官にも単純ミスが続発したが、誰かが指摘できた。情報は共有したが、多くの人間が首を突っ込む弊害を避けるため議論に参加できる人数を制限し、管制部長が最終決定を下した。飛行士の運命は絶望的に思われたが、全員が地球に帰還できた。

NASAは当時、正確で迅速な情報発信にも力を入れた。帰還がかなわなかった場合、責任を問われ、アポロ計画自体が中止に追い込まれかねない。国民の支持を取り付けねばならず、そのためには、マスメディアに隠し事は何もないことを証明して味方になってもらう必要があった。宇宙開発で旧ソ連としのぎを削っていた時期だったが、高度な軍事機密であるNASAの飛行管制が白日のもとにさらされるのを覚悟の上で、すべてを公開することが決まった。

当時、NASAは飛行士と管制官の会話を公開する場合、わずかに時間を遅らせ、都合の悪い部分には雑音を入れて聞こえないよう操作したことは、メディアなら誰もが知っていた。それをやめ、すべてをありのままリアルタイムで公開したのだ。その結果、メディアとの間に一体感が生まれ、アポロ13号の探査自体は失敗でも「NASAはよくやった」と言われるような雰囲気になっていった。

日本では、東日本大震災後の福島第一原子力発電所の事故処理について、連日、国を挙げての議論が続いた。しかし、事故発生直後の数日間の対応に限定しても、どこで誰が意思決定し、何がどのように実行されたのか、いまだ分からないことが多い。現代危機管理の教科書となっている「アポロ13号奇跡の生還」。われわれが学ぶことは多い。

Mission《ミッション》 5 月探査衛星「かぐや」の話

裏面や地形素顔に迫る

どのくらい上昇すれば、地球を「球」として見られるのだろうか。国際宇宙ステーション（ISS）が飛行する高度は約400kmほど。地平線が曲がって見えるが、とても球には見えない。地球を直径30cmの地球儀にたとえると、ISSの位置は地球儀から1cm離れているにすぎない。

天気予報でおなじみの気象観測衛星「ひまわり」は、赤道の上空約36000kmを飛ぶ静止衛星である。この高度からは、真ん丸の地球が見られる。地球から月までの距離は、地球から「ひまわり」までの約10倍に当たる38万km。もし月旅行に行き、月面から地球を眺めると、どのように見えるだろう。地球の大きさは月の4倍、面積は16倍ある。肉眼でも五大陸や太平洋などがくっきり見えるかもしれない。

2007年9月にJAXAが打ち上げた月探査衛星「かぐや」は、2年後に任務を終えるまでの間、月面から100kmの高さを周回し観測を行った。NHKのハイビジョンカメラが搭載され、世界初の試みとして、月面をくまなく立体画像で撮影した。「かぐや」が果たした重要任務の一つが、月の裏側を精密に見ることだった。地上からは、ウサギ模様が見える表側しか見られない。月の自転周期と、月が地球の周りを回る公転周期がほぼ同じだからだ。

1年半に及んだ観測で、月の正確な地形や重力場（重力の作用する空間）も世界で初めて明らかになった。月の南北での日照条件の違いのほか、隕石《いんせき》が衝突してできたクレーターや盛り上がった「高地」の様子もとらえ、月の素顔が少しずつ解明されつつある。

月の調査には各国とも意欲的だ。過去4年の間に、日本、中国、インド、NASAの順で月探査衛星を打ち上げた。欧州宇宙機関（ESA）も月探査を準備している。競争の背景には、将来、月に分布するチタンや核融合発電の次世代燃料と期待される「ヘリウム3」などの資源を活用したいとの思惑がある。さらに、有人月探査で飲料用として必要になる水資源の調査にも熱心だ。

青く輝く「満地球」も撮影

「かぐや」は、地上に住む私たちに貴重な一枚の写真をプレゼントしてくれた。月面の地平線から地球が昇る「地球の出」の写真。アポロ計画以来の写真だが、全面が丸く青く輝く「満地球」は世界初。

月探査機「かぐや」が撮影した月面クレーター内の丘（JAXA/SELENE提供）

裏面や地形 素顔に迫る

2008年に月探査衛星「かぐや」が撮影した「満地球の出」(JAXA/NHK提供)

月、地球、太陽、「かぐや」の軌道が一直線の位置関係に並ぶ年2回しか撮影できない貴重な映像だった。

一連の月探査計画をめぐっては、苦い思い出が生々しくよみがえる。季節ごとに月を愛《め》でてきた日本人にとって、月は特別な存在だ。NASAがまだ成し遂げていないことは、月の内部探査である。表面に設置された振動計で揺れが観測されており、地球の地震に相当する「月震」が起きていることが分かっているが、その原因は分かっていない。少し前までは、月の内部は冷えていて、地球のように地殻が動いて発生する月震は起きないと考えられてきた。

月の地下数mに観測装置を埋め込み、温度を精密に観測することで、内部の温度を推定できる。熱流計と月震計を入れた「ペネトレータ」と呼ばれる槍状《やりじょう》のケースを秒速200mで月表面に打ち込むJAXAの「ルナA計画」が91年にスタートし、97年に打ち上げる目標が決まった。ペネトレータの打ち込み試験は、米ニューメキシコ州にあるサンディア国立研究所で行われた。火薬を使って、人間ほどの大きさのペ

ネトレータを高速で地中に打ち込むもので、日本国内では実施が難しかったのだ。

85年にこの研究所と共同研究を行ったことがある私にとって、ニューメキシコ州は思い出の地であり、どこか特別な思いで試験を見守った。熱流計も月震計も精密な電子機器なので、打ち込み時の衝撃から守るためプラスチック樹脂に埋め込んで保護する作戦だった。

ところが、機器のダメージを抑えることができても、樹脂のひび発生がどうしても防げず、ペネトレータの開発は遅れに遅れた。この間に探査機本体に使った米国製部品に欠陥が見つかり、改修に相当の期間が費やされた。やっと全ての問題が解決されたころには、本体の接着剤の劣化が進み、ついに「かぐや」打ち上げと同じ年にルナA計画の中止が決まってしまったのだった。

その後、ロシアから「JAXAが開発したペネトレータを使いたい」と、共同研究の申し入れが日本側にあった。そう遠くない時期、日本の月探査ペネトレータが、ロシアのロケットで打ち上げられる日が来るのかもしれない。

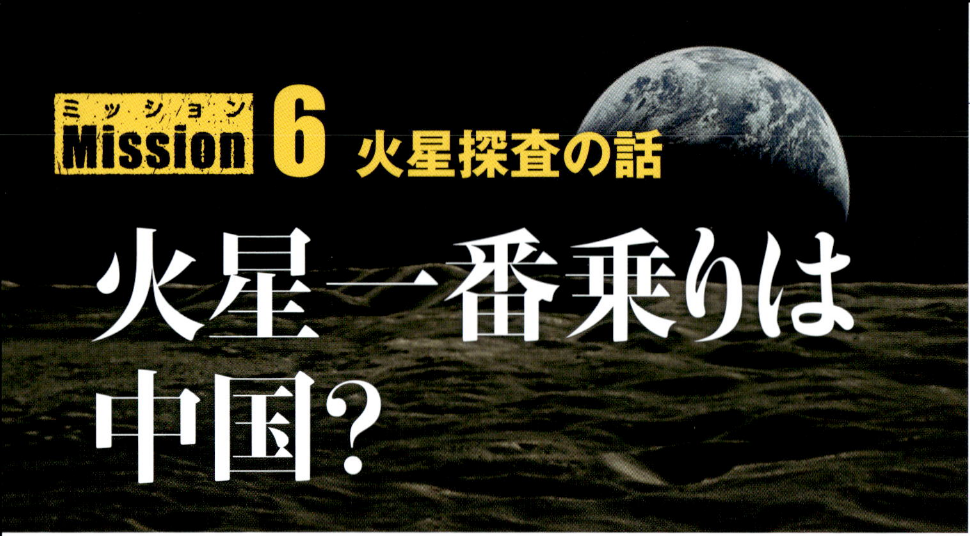

Mission《ミッション》 6 火星探査の話

火星一番乗りは中国？

月に次いで人気がある星は火星かもしれない。火星表面に線状の模様があることは、100年以上も前に欧米で話題になっていた。「それは運河であり、高度な技術を持つ火星人がいる」という説が広まったらしい。私も小学生のころ、頭が大きく、胴体が小さな火星人の想像図を見たことがある。火星探査は、多くの人々の夢であり続けてきた。

火星の大きさは地球の約半分。大気の大半が二酸化炭素で、大気圧は地球の100分の1以下だ。昼と夜の温度差が激しく、平均気温はマイナス約40℃である。地球上のほとんどの生物は生きることができない。もっとも、表面には水が流れた跡、そのすぐ下では氷が見つかっており、地下にバクテリアのような原始生命体が生存している可能性はある。どの国が火星で生命体を発見できるか。50年前から競争が続いてきた。

地球は太陽の周りを円を描いて365日で一周する。火星は地球の外側を長円を描いて687日で一周する。内側の地球が外側の火星を追い抜く時、火星と地球が接近することになる。2年2カ月周期であり、最近では2012年3月6日に約1億kmまで接近した。ロシアはこれに合わせ、前年の11月に探査機を打ち上げたが、ロケットが故障して失敗した。計画は、2つある火星の衛星の一つ「フォボス」から50グラムの土を持ち帰るというもので、ロケットには中国初の火星探査機

火星表面で観測を続ける無人ローバー「オポチュニティ」号（NASA提供）

「蛍火1号」も搭載されていた。

ロシアはソ連時代の1960年から実に19回、火星探査機を打ち上げたが失敗続きだった。73年に打ち上げられた「マルス3号」と「マルス6号」は火星表面に到達したが、それぞれ通信が途絶えるトラブルが起こり、表面データを送信することができなかった。旧ソ連がロシアに変わり、新体制のもとで一気に劣勢を挽回《ばんかい》しようとしたのが今回の探査計画だったが、またも果たせなかった。

対するNASAの火星探査機の初打ち上げは64年。21回打ち上げ、15回成功した。火星表面ではNASAの無人ローバー「オポチュニティ」号が走り回り、岩石の分析をはじめ膨大なデータを送っている。火星探査は米国の独壇場。スペースシャトルが退役し、国際宇宙ステーションへの飛行士輸送をロシアに委《ゆだ》ねている今、米国にとって何としてもやり遂げなければならな

火星一番乗りは中国?

いのが火星有人探査なのだ。ただ、オバマ大統領は、かつてブッシュ元大統領がぶちあげた月を中継基地とする火星への有人飛行計画の見直しを指示し、実現時期を30年代半ばへ遅らせる方針を打ち出している。

そんな中、米国を脅かすような事態が進行している。2003年に宇宙有人飛行に成功した中国は急ピッチで宇宙ステーションの建設を始めており、20年代に月、30年代に火星へ人を送る計画を発表した。これが実現すれば、中国が火星一番乗りを果たすことになる。10年前、無重力実験の国際会議で中国が驚くような実験結果を発表した。それは、宇宙船の飛行予備試験にダミー人形の代わりに実験装置を載せて行った成果だった。それまで日本がリードしていた分野であり、追い抜かれたのではないかと

火星有人基地の想像図（NASA提供）

感じた私は「突然、驚くような実験結果を出せたのはなぜか」と質問した。「中国はもうすぐ有人飛行する。計画の副産物だ」という答えが返ってきて、まさかと思ったが、本当に実現してしまった。

日本の切り札はロボット

NASAが計画する火星宇宙船は4人乗りである。ほとんど真空に近い火星で、重い宇宙服を着て活動するには、飛行士が2人一組で行動する必要がある。深刻な事故が起きた場合、船外活動の飛行士を残して宇宙船は地球に帰還することになる。地球から火星まで電波が到達するのに20分かかるので、緊急事態の場合は地上管制官の指示を待つわけにはいかず、すべて現地で判断する必要がある。単純ミスを避けるためにも最低2人が必要なのだ。帰還船も同様で、常に2人が待機する必要がある。

宇宙船には飛行士4人と行きの8カ月分の生活物資を載せる。火星滞在期間の8カ月分と帰りの8カ月分の物資は、あらかじめ複数の無人輸送船を打ち上げ、火星で備蓄しておく計画である。米国のライバルとして急成長している中国が2人の飛行士だけで火星飛行を行うなら、必要な生活物資はNASAの半分で済む。実現までの期間が大幅に短縮されるはずだ。そう、中国の宇宙開発関係者に聞いたことがある。彼は「中国には4000年の歴史を持つ漢方薬がある」と意味深なことを言い、ニヤリと笑うだけだった。

12年1月16日に開かれた古川聡飛行士の帰国報告会で、同じ名字の古川元久・宇宙開発担当相が「日本は国際協力のもとに火星有人探査に参加すべきだ」とあいさつした。政府要人から「火星」という言葉が出たのは初めてだった。欧州は火星探査に日本の参加を呼び掛けている。飛び込むには切り札がなければならない。幸い、日本には「はやぶさ」の成功にみられるロボット技術がある。これを武器に、国際火星有人探査計画で重要なポジションをつかむチャンスが十分にある。

Mission《ミッション》 7 金星の話

温暖化の究極の姿に迫れ

太陽系の惑星を内側から5つ挙げると、水星、金星、地球、火星、木星となる。地球に近い火星や金星の探査は日本の悲願である。それぞれに探査機が送られたが、苦難が続いている。

火星探査機「のぞみ」は、1998年に打ち上げられた。その年の暮れ、私の東京工業大学退官記念講演会にゲストで招いたJAXA宇宙科学研究所（ISAS）の的川泰宣教授が、講演を終えるや否や「大変なことが起きた」と言い残し職場へ飛んで帰った記憶が鮮明に残っている。その数時間前に「のぞみ」のエンジントラブルが発生したのだ。燃料の逆流防止弁の不調が原因だった。

これが引き金となってパワー不足となり、火星到着は予定より5年遅らせることが決まったが、長期間、太陽からの強烈な宇宙線にさらされるなど過酷な状態に置かれた「のぞみ」は、ついに電波を受信できても送信できない状態になった。決断が行われ、火星上空約1000kmを通過したことを確認した上で、地上からの指令で電源が切られた。「のぞみ」は国際協定で決められた病原菌などの除染を行っておらず、火星への落下による汚染を避けるためであった。

「あかつき」復活に期待

2010年5月、今度は金星探査機「あかつき」が打ち上げられた。7カ月後、金星から約550kmまで接近したところで、金星周回軌道に投入しようと軌道制御エンジンを逆噴射させたが、短時間で中断してしまった。タンクから燃料を押し出すヘリウムガス配管の逆流防止弁がうまく働かなかったのが原因だった。

現在、「あかつき」は太陽の周りを飛行している。次に金星に接近するのは2016年以降である。そのチャンスに姿勢制御用の小型エンジンを使って金星にできるだけ接近し、世界初の惑星気象観測を実施する方針だ。故障だらけだった「はやぶさ」が、使える手段は何でも利用して地球に帰還した手法を、ここでも使うことになった。計画責任者を務めるISASの中村正人教授は「決して最後まで諦《あきら》めない」と決意を語る。

打ち上げ前の金星探査機「あかつき」（JAXA提供）

温暖化の究極の姿に迫れ

(左) 硫酸の雲に覆われた表面地形のレーダー観測結果と軟着陸カプセル搭載カメラの写真から合成された金星のCG画像 (NASA提供)
(右) 「はやぶさ」が2004年に撮影した地球 (JAXA提供)

金星は月に次いで明るく、太陽系の惑星では一番明るい。明け方と夕方に見られるので「明けの明星」「宵《よい》の明星」と呼ばれる。金星の大きさ、密度は地球とほぼ同じ。同時期に誕生したらしいことから姉妹星または双子星と言われるが、金星は分からないことばかりの謎の星なのだ。

20世紀に金星探査に最も執念を燃やしたのは旧ソ連だった。1961年に探査機第1号を打ち上げて以来、失敗が続いたにもかかわらず85年までに30機を打ち上げ、いくつかのカプセルを軟着陸させて写真撮影や表土分析に成功している。追う米国は、78年に探査機を金星軌道に投入し、14年間継続して上空から観測した。さらに、90年に新しい探査機の軌道投入に成功、4年間観測を行った。2006年には欧州宇宙機関（ESA）が独自の探査機「ビーナス・エクスプレス」を打ち上げ、現在も観測を続けている。

これまでの観測結果を総合すると、金星の環境は地球と大きく異なる。大気は二酸化炭素が主成分で、圧力は90気圧、表面温度は500℃以上。硫酸の雲が空を覆い、水は存在しない。しかし、水がないと生成しない鉱物が見つかり、過去には水があったと推定される。金星も地球も成り立ちが同じなのに、どうしてこのように環境が違うのだろう。最大の謎である。

二酸化炭素による温室効果が、金星の大気温度を高めたのは間違いない。誕生直後の地球の大気は、二酸化炭素と窒素が主成分だった。二酸化炭素は海水に溶け、ミネラルと反応して鉱物となって堆積。その海から生命体が誕生した。植物性の生命体は二酸化炭素を吸収して酸素を吐《は》く。進化して陸上に栄えた植物も同様の反応を繰り返し、現在の地球環境が形づくられたという学説が有力だ。

地球の海水と鉱物に含まれる二酸化炭素がすべて吐き出されると、大気は70気圧になるという計算がある。金星は温暖化の究極の姿なのだ。海と生命体が、水の星・地球をつくった。水のない金星は海が復活しない限り、何十億年たっても死の惑星のまま。人類移住先の候補にはなり得ないだろう。

もうひとつ大きな謎がある。金星の上空60kmで吹く時速400kmの風だ。地球上空では自転の影響で偏西風と呼ばれる西風が吹いているが、金星の場合、8カ月に1回しか自転しないのに強風が吹いている。この現象は「スーパー・ローテーション」と呼ばれ、謎とされている。「あかつき」は波長の異なる4種類の光センサーを搭載しており、金星大気の流れを立体的に観測することで、スーパー・ローテーションの謎を解くことに挑戦する。

「あかつき」は世界初の惑星気象衛星である。現在活動中のESAの探査機は大気や地表面の化学組成を調べるのが目的である。ESAの観測と合わせることで、金星の謎は相当に解ける可能性がある。「あかつき」のデータが、その主役を果たす日は遠くない。

Mission《ミッション》 8 宇宙ヨットの話

光で進む超省エネ飛行体

宇宙ヨットは、太陽が放つ光の圧力で航行する究極の省エネ飛行体である。光を使って人工衛星を飛ばせるのではないか、という予測は100年ほど前からあり、これを証明しようと米国カリフォルニア州に本部を置く「惑星協会」が2度挑戦した。ロケットの打ち上げトラブルで実験は中断したが、2012年中に3度目の挑戦が行われる予定だ。

惑星協会は、宇宙の知的生命体探査を推進していた故C・セーガン博士らによって、1980年に設立された国際NPO組織である。光は波であると同時に、光子と呼ばれる粒子でもある。粒子が高速で衝突すると圧力が生じるので、この圧力を利用して衛星を飛ばせることを証明しようと、実験機の開発が始められた。

2001年、1辺15mの三角帆8枚を組み合わせた宇宙ヨット「コスモス1号」が、ロシアの原子力潜水艦から打ち上げられたが失敗。4年後の再チャレンジも続けて失敗した。原因となった「ヴォルナロケット」は、長距離ミサイルを科学実験用に改修したものであり、ロシアの面目丸つぶれであった。

一方、今から約10年前、日本でも独自の宇宙ヨット計画が始まった。名前は「イカロス」。「小型ソーラー電力セイル実証機」の英語名からIKAROSのアルファベットを取った。体に鳥の羽を取り付け空を飛んだが、太陽に近づき過ぎたため、接着剤のろうが溶けて海

打ち上げ前の宇宙ヨット「イカロス」。帆は円筒状の容器に巻いて収納されている。右下は金星探査機「あかつき」（JAXA提供）

に落ちたというギリシャ神話の主人公と同じ名前だ。

2010年5月、JAXAは、金星探査機「あかつき」を打ち上げた。当初、あかつきは旧宇宙科学研究所の小型ロケットM5で打ち上げる予定だったが、同研究所と旧宇宙開発事業団の統合で廃止され、大型のH2Aロケットに変更された。ロケットの搭載能力にたっぷりと余裕が生じ、重さ310kgのイカロスが相乗りすることになった。

仕掛け人は、奇跡の帰還を果たした小惑星探査機「はやぶさ」のプロジェクトマネジャー川口淳一郎教授だ。川口教授は、この機会にできるだけ若い研究者に挑戦させたいと、JAXA助教の森治さんを20人のチームリーダーに選んだ。森さんは当時33歳で、メンバーの半分は大学院生だった。イカロス打ち上げ時、森さんは36歳になっていたが、満身創《まんしんそう》痍《い》のはやぶさの帰還直前だったため、後見人の川

光で進む超省エネ飛行体

口教授は手いっぱい。森さんは最後まで大活躍だった。

イカロスは、帆の一辺が14mの正方形。素材は厚さ1000分の8㎜のプラスチックフィルムである。フィルムには、光反射用アルミニウムがコーティングされている。打ち上げ時はロールに巻かれているが、これをいかにして宇宙で広げるかが鍵《かぎ》となった。08年ごろから、北海道の基地で大気球を使った宇宙ヨットの帆の展開実験を行い、試行錯誤が重ねられた。

イカロスの帆は、金星付近の場合、0.1グラム程度の物体を持ち上げる力しかないため、最初はほと

帆で太陽光を受け止めながら航行する宇宙ヨット「イカロス」の想像図（JAXA提供）

んど速度が変化しないが、光を受けている間に徐々に加速し、ついには秒速30kmにまで達すると予測される。

実用性証明　木星目指す

イカロスは、H2Aロケットにより地球から金星に向かって放出された。太陽から見て地球の内側を周回する金星に近づくわけだから、飛行中に太陽光が強まり、光の圧力によって押し返されることになる。今回、約1カ月間で時速約36km減速したことが確認された。逆方向に飛ぶなら加速するのは間違いなく、これで宇宙ヨットの実用性が証明されたわけだ。

あのコスモス1号が打ち上げられたのが、イカロスの9年前。2度もロケットの不具合で悔しさを味わった惑星協会は、12年に3度目の挑戦を行う。これまでとは別のロケットで、1辺5.5mの正方形の宇宙ヨット「ライトセイル1号」を高度800kmの地球周回軌道に打ち上げる計画だ。協会のホームページには「世界最初の宇宙ヨットの挑戦」と書かれている。彼らは太陽光による加速を宇宙ヨットの成功と定義しているのだ。イカロスは減速を証明したが、加速したわけではない。JAXAと惑星協会との間には、宇宙ヨットの発展に関する友好協定が結ばれている。ライバルであると同時に仲間なのだ。

宇宙ヨットの加速には時間がかかるが、通常のエンジンに比べて10分の1～50分の1のコストで済む超省エネ宇宙機である。イカロスの成功は、はやぶさの「イオンエンジン」とともに世界の注目を集めている。今後、超省エネの宇宙探査は日本のお家芸として世界の最先端を走るのは間違いない。

宇宙ヨットの本命は木星探査である。太陽から見て地球の外側にある木星方面へは、常に太陽光に後押しされながらの航行であり都合が良い。しかし、太陽から離れるほど光は弱くなるので、これを補うため、帆の大きさが一辺数kmもある大型ヨットが必要となる。森さんたちの新たな挑戦が始まっている。

ミッション Mission 9 電波望遠鏡の話

銀河や生命誕生の謎に迫る

南米チリ、標高5000mのアタカマ高地で国際的な電波望遠鏡計画が進められている。2013年までに建設予定のパラボラアンテナ66台のうち、日本などが設置し調整を終えた16台を使って試験が始まり、5500万光年離れたM100銀河の中心に向かってマイナス約250℃の一酸化炭素が渦《うず》を描いて引き込まれている様子がさっそく観測された。渦が流れ込む中心には、ブラックホールがある可能性が高い。

この望遠鏡は「アタカマ大型ミリ波サブミリ波干渉計」の英語表記の頭文字を取ってアルマ（ALMA）と呼ばれ、石黒正人・国立天文台名誉教授らの20年以上にわたる働きかけが実ったものだ。アルマは日米欧の20カ国・地域が参加し、9年前に建設が始まった。石黒さんは名古屋大学電子工学科出身。東京天文台（現・国立天文台）の助手時代、長野県にある野辺山宇宙電波観測所の電波望遠鏡建設に参加している。

おなじみの光学望遠鏡は、目がキャッチする可視光線や、これより少し波長の長い赤外線をレンズや凹面鏡で集めて遠くを観測する。物質をつくる分子は、赤外線の波長より100倍以上も長い波長の弱い光を出している。これが電波である。光と電波は波長が違うだけで、はっきり境界があるわけではない。

天体からやってくる微弱な電波を観測すると、星間物質の種類や温度が分かる。パラボラアンテナは大きいほど精度が高いが、大型化には費用、技術的に限界がある。代わりに直径10m級のアンテナをたくさん配置して同時観測することで、全体を一つの電波望遠鏡として使うことができる。

生命のもとになっているアミノ酸をはじめ、宇宙に分布する星間物質を研究するには、波長1㎜以下の「サブミリ波」観測が必要だ。この電波は水分子に吸収されるの

試験観測を開始したアルマのパラボラアンテナ群（ESO/NAOJ/NRAO提供）

で、湿度の高い日本は適当な観測地点とはいえない。野辺山観測所の泣き所は降雨量が多く、湿度が高いことである。宇宙の謎《なぞ》に迫ろうと、石黒さんらは長年にわたって世界中を探し、アタカマ高地を望遠鏡設置候補地に選んだ。

一方、米国と欧州も別々に1～10㎜帯のミリ波電波望遠鏡の建設計画を進めていたため、国際会議で日本が音頭を取って、01年、日米欧共同のアルマ計画が決まった。完成すると、直径18.5㎞のアンテナに相当する解像度が得られる。短い波長観測ほど高い加工技術が必要で、日本は最も難しい0.3～1㎜帯の中型アンテナ12台を主に担当した。その他の4台と受信装置もすべて三菱電機の製造で、日本の計16台のアンテナ群には「いざよい」(十六夜)のニックネームが付けられた。選考委員長は漫画家の松本零士さんだった。

アンテナ群駆使　精度高く

日本主導でアルマ計画が決定したが、日本担当分の予算が付いたのは当初計画より2年も遅れた。

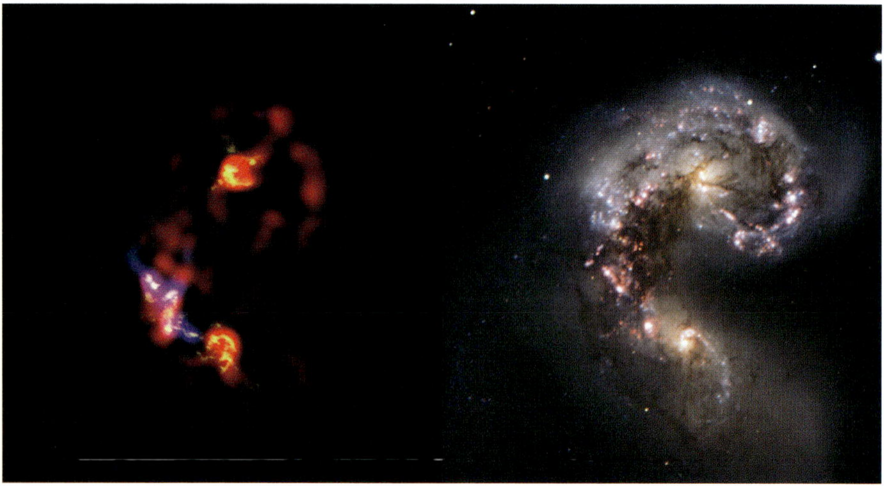

7000万光年離れた「触角銀河」。ALMAで得られた画像(右)とチリに設置された欧州南天天文台の光学望遠鏡で得られた画像を比べると、鮮明さは一目瞭然だ(ESO/NAOJ/NRAO提供)

文部科学省内の優先順位が高くなかったために調整が遅れたそうで、国内外の関係者はとても気をもんだことだろう。それでも、最初のアンテナとして日本製が持ち込まれ、何とか意地を見せることができた。09年9月に直径12m、重さ100トンのアンテナ第1号が標高5000mのアタカマ高地に設置された。この高度では酸素が平地の半分なので、激しい労働ができない。そこで、まず2900m地点で組み立てを行い、大型運搬車で現地へ移動させて据《す》え付けられた。

私は1984年、米ニューメキシコ州の人口約8000人のソコロ市にあるニューメキシコ工科大学に滞在し、講義や研究を行ったことがある。大学構内には、世界一の規模を誇る電波望遠鏡を遠隔操作し、データ解析する米国立電波天文台の施設がある。大学から80㎞離れた砂漠にあるアンテナ群（VLA）を見学する機会があった。直径25mのアンテナ27基が一辺21㎞のY字形に配置された巨大施設で、当時の最先端技術を駆使して波長10㎜級の電波観測を行っていた。地元住民の間では「宇宙人からの信号を受信する施設だ」とうわさされていたが、実際には超新星爆発のような強いエネルギーを出す天体の観測が目的だった。

見学の帰り、小さな村のレストランで大皿からはみ出すほど大きなステーキを食べた。店の壁には、SF映画「2001年宇宙の旅」の続編「2010年」の撮影隊がこのステーキを食べたと書かれていた。この映画の冒頭シーンはここで撮影されたのだった。その後、映画「コンタクト」の撮影でもVLAが使われたという。

VLAは多くの成果を挙げたが、電子技術の進歩について行けず、時代遅れになりつつあった。米国はアルマ計画に参加する一方、VLAの電子機器を一新し、米国の別地域に設置されているアンテナと同期させて巨大アンテナ群として運用する拡大VLA計画を進めている。こうした電波望遠鏡が、銀河や生命誕生の謎に迫る新しい時代の幕を開こうとしている。

Mission《ミッション》 10 糸川博士の話

リスク恐れぬ不屈の精神

2010年6月、小惑星「イトカワ」の鉱物を地球へ持ち帰った「はやぶさの奇跡」は、あきらめないことの大切さを世界に知らしめた。JAXAのはやぶさチームは、大先輩である糸川英夫博士のチャレンジ精神を胸に難局を乗り切った。

博士は「日本の宇宙開発の父」と呼ばれる。1935年に東京大学航空学科を卒業し、中島飛行機（現・富士重工業）で陸軍戦闘機の隼などの設計に関わった後、41年に母校の第2工学部の助教授となった。軍事研究を行うために千葉県に設置された学部だったが、45年の敗戦後に連合国軍総司令部（GHQ）によって航空機研究が禁止された。博士は趣味でもあったバイオリンの振動や共鳴についての研究に没頭し、多くの論文を発表した。8年後にようやく解禁された時には、世界の航空機の流れがプロペラ機からジェット機へ変わっていた。この間、所属する学部が廃止となり、代わりに生産技術研究所が設置された。職場を研究所に移した博士は「一気に世界の先頭へ抜け出すにはロケットしかない」と決意し、研究費獲得のため国や企業を口説いて回った。

その結果、富士精密工業（後にプリンス自動車に改称、日産自動車と合併）との共同研究が始まった。ロケット燃料として使う固体発射薬は、日本油脂武豊工場の村田勉さん（後に社長）が全面協力を約束。55年には直径1.8cm、全長23cmのペンシルロケットの発射実

秋田県の道川海岸でロケット打ち上げの指揮をとる糸川英夫博士（中）＝1956年（JAXA提供）

験にこぎ着けた。

常識への挑戦が真骨頂

当時、博士は「20分で太平洋を横断するロケット旅客機を20年後に実現する」と発表し、世間を驚かせていた。日本は、地球の高層圏を世界各国が観測する57〜58年の国際地球観測年（IGY）に自前のロケットで参加することも表明しており、ペンシルロケットの3年後には、観測装置を地上60kmに打ち上げなければならなかったのだ。

難題だが、そこは常識への挑戦が真骨頂だった博士。ロケットは急ピッチで大型化され、IGYに間に合った。秋田県の道川海岸を舞台に発射実験が行われ、全長約5.4mの「カッパ6型」ロケットで、電離層の構造など多くのデータを得た。

リスク恐れぬ不屈の精神

IGYで求められた観測条件を満たしたのは米国、旧ソ連、英国と日本の４カ国だけだった。

しかし、この海岸から日本海に向かってロケットを打ち出すには、高度に限界があった。高すぎると、放物線を描いて着水する位置が外国の領海に入ってしまうからだ。したがって、太平洋に向かって打ち上げる場所が必要で、博士らは日本各地を探し回った。見つけたのは鹿児島県の大隅半島。博士が崖の上から放尿しながら「ここだ！」と叫んだという逸話が残っている。

東大に宇宙航空研究所が設置された64年、適地に新しい発射場が建設され、同年、２機の「ラムダ３型」ロケットの打ち上げに成功した。１号機が高度1000kmを達成し、次の目標を人工衛星の打ち上げとした糸川博士は、衛星を載せた本

ペンシルロケットと糸川博士（JAXA提供）

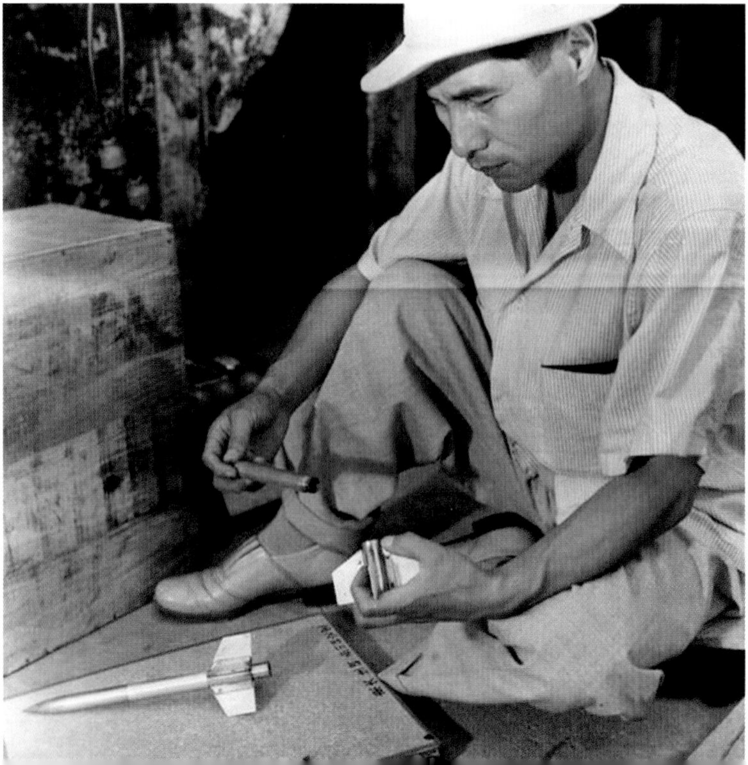

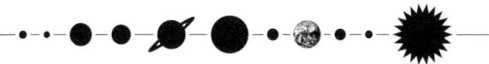

命の4型を3機打ち上げたが、すべて失敗してしまった。

万が一の事故被害を想定した漁業補償交渉が地元漁協と始まったが難航し、計画は中断となった。博士は責任を取って55歳で東大を退官。その後はあっさりロケットと縁を切り、コンサルタント業務のかたわらチェロ、バイオリンを演奏し、60歳で貝谷バレエ団にも入団して、99年に86歳で亡くなった。その間、著書『逆転の発想』がベストセラーになるなど、本当に多才な巨匠であった。

さて、打ち上げは69年に再開。4機目も失敗したが、70年2月、ついに日本初の人工衛星「おおすみ」の打ち上げに成功する。旧ソ連、米国、フランスに次ぐ偉業だった。同年4月には中国も衛星打ち上げに成功しており、タッチの差で先行した。糸川博士が率いた東大宇宙航空研究所は、81年に全国共同利用機関の宇宙科学研究所（ISAS、現在はJAXAの一組織）に改編された。当時は東大駒場キャンパスにあり、私はその年から活動に参加したが、のびのび自由な雰囲気がいつもうらやましかった。

糸川博士に直接指導を受けた個性豊かな弟子たちが、当時すでに教授になっており、彼らとの交流が楽しかった。ISASは87年、神奈川県相模原市に移転し、世界有数の研究所に成長した。はやぶさ計画の川口淳一郎プロジェクトマネジャーは、ISAS発足当時は大学院生。糸川博士のまな弟子たちから教えを受け、変わり者集団とも呼ばれた独特の雰囲気の中で育っていた。はやぶさ計画の正式決定は、川口さんがまだ39歳の助教授だった95年。成功まで長い道のりだった。

その川口さんは、著書の中で「ISASのリスクを恐れない精神は糸川英夫先生の意思を継ぐものである」と述べている。青森県弘前市出身の川口さんは、東北人特有の粘りが身上で「もちろん技術は必要であるが、根性が大切。根性とは意地と忍耐」とも説く。今、日本人が最も必要とするものは意地と忍耐であると、あらためて教えられる思いである。

Mission《ミッション》 11 宇宙実験棟「きぼう」の話

世界一快適な宇宙実験室

日米とロシア、カナダ、それに欧州11カ国の計15カ国が協力して建設された国際宇宙ステーション（ISS）は2011年7月に完成した。組み立て開始から、実に13年を要した。日本が担当する宇宙実験棟「きぼう」は、スペースシャトルで3回に分けて運ばれ、09年7月にすべてISS本体に取り付けられた。

1982年、NASAは、無重力などの宇宙環境利用と月・惑星探査の中継基地として、宇宙基地構想の検討を始めた。2年後、当時のR・レーガン大統領は宇宙基地建設計画を発表。日本やカナダ、欧州に参加を呼びかけ、翌年には欧州宇宙機関（ESA）が参加を表明した。当時、私は米ニューメキシコ工科大学で材料の研究を行っていて、日本も参加の方向で検討を始めていたことには全く気付かなかった。85年秋に帰国後、異なる複数の宇宙基地研究会に出席して、その熱気に驚かされた。

JAXAの前身、宇宙開発事業団（NASDA）は、宇宙基地に取り付ける日本の宇宙実験棟（JEM）の基本設計に着手していた。船内実験室、船内保管庫、実験プラットホームと船外パレットからなる宇宙実験施設である。あまりに多くの機能が盛り込まれ、NASAからは「シンプルにすべきだ」と意見された。これに対し、NASDAのある技術者は「われわれは『団地』という、たった2つの部屋が居間、客室、子ども部屋、書斎、寝室になる多機能住宅で育った世代である。

JEMを徹底的な多目的実験棟として設計したい」と述べ、NASAの技術者をけむに巻いた。

元来、米国の宇宙基地構想は、旧ソ連との冷戦下で西側陣営の結束と技術を誇示する政治的な意図で始められた。ソ連崩壊で事情は一変し、宇宙基地計画自体が中止の瀬戸際に追い込まれた。93年、米クリントン政権はロシアを取り込み、宇宙基地を簡素化する大幅修正案を議会に提出。辛くも1票差で可決し「ISS」へ名称が変更された。ESAは実験棟「コロンバス」を3分の2ほどに縮小したが、日本は後に「きぼう」と名付けられるJEMの規模を変えることなく、揺れ動くISS計画を支える重要な役割を果たした時期があった。

03年に起こったスペースシャト

日本初の有人宇宙実験棟「きぼう」(NASA提供)

世界一快適な宇宙実験室

国際宇宙ステーション。中央上部の左側が「きぼう」(NASA提供)

ル・コロンビア号の空中分解事故の影響で、ISSの建設は約3年間遅れたが、この間も「きぼう」の船内実験室、船内保管庫、実験プラットホームと船外パレットが、それぞれの製造企業からJAXA筑波宇宙センターに納入され、結合状態で総合的な試験が行われた。その後もう一度切り離されて船で太平洋を渡り、スエズ運河を経由して米フロリダ州のNASAケネディ宇宙センターへ搬入された。

宇宙にできた日本の家

いよいよ打ち上げの日が来た。第1便は08年3月。船内保管庫が土井隆雄飛行士搭乗のスペースシャトル・エンデバー号で宇宙へ運ばれ、ISS本体に仮止めされた。保管庫のハッチが開けられ、入室した土井さんの第一声は「宇宙に日本の家ができました」。企画・設計に携わった者にとって20年以上の苦労が報われた瞬間だった。

第2便は2カ月後。船内実験室

が星出彰彦飛行士搭乗のディスカバリー号で打ち上げられた。スペースシャトルがこれまでに運んだ資材の中では最大で、貨物室に入るギリギリのサイズであった。ISS本体にドッキング後、土井さんが届けた船内保管庫から実験装置を船内実験室へ移す作業が行われた。星出さんはこれが初飛行だったが、難しい作業を的確にやり遂げ、称賛を浴びた。

第3便は翌年7月で、実験プラットホームと船外パレットがエンデバー号で打ち上げられた。ISSに長期滞在中の若田光一飛行士が、大型のロボットアームを使って船内実験室に取り付けた。若田さんはロボットアーム操作の名人であり、教官資格を持つ数少ない飛行士の一人である。

こうして完成した「きぼう」は、優れた機能を持つだけでなく構造体としても美しく、10年度のグッドデザイン賞が与えられたほどだった。ISSの中は換気装置やさまざまな配管からの騒音がひどく飛行士の悩みの種だが、打って変わって「きぼう」の中は静かで、生活環境に優れた実験室としても注目を浴びている。

ISSに取り付けられた施設の管理責任は製造国が持つことになっており、利用のルールもそれぞれ異なる。例えば、NASAは商業利用を禁じているが、ロシアには制限がない。日本もロシアと同様、自国の施設の中でコマーシャル撮影ができる。11年に長期滞在した古川聡飛行士が、携帯電話会社ソフトバンクのコマーシャルに出演したのは、記憶に新しいところだ。こうしたことに日本人飛行士を使う場合、企業がJAXAに支払う基本料金はリハーサルを含め1時間あたり550万円で、有名タレントが出演するコマーシャル制作費に比べてもそれほど高くない。

12年には、星出飛行士が長期滞在に挑戦する。またコマーシャルが制作されるとしたら、どんな奇抜なものになるのか今から楽しみだ。同時に、飛行士のイメージが低下しないことも願っている。

Mission《ミッション》 12 輸送船開発の話

国産、大きな賭けだった

米国は、大統領が交代すれば宇宙政策も変わることが多い。特に、共和党から民主党へ政権交代した時の変化が著しかった。ブッシュ前大統領は、2015年に国際宇宙ステーション（ISS）から撤退し、月に基地を建設して火星を目指す計画を発表し、NASAは月ロケットの開発を進めていた。11年のスペースシャトル退役後は、このロケットでISSに人や物資を輸送する計画であった。

現在のオバマ大統領は、10年2月発表の予算教書の中で、ISSの運用を20年まで延長し、火星探査計画は変更しないが急がないと明言。その上「ISSへの輸送は民間が開発しているロケットを使う」と発表したのには驚かされた。その時点で、民間ロケットを使えるめどが立っていなかったからだ。

今のところ、宇宙飛行士の輸送手段はロシアのソユーズだけとなっている。物資輸送船はロシアのプログレス、日本のHTV「こうのとり」、欧州宇宙機関（ESA）のATVがある。NASAには少なくとも15年まで、ISSへの人員輸送と、電力、空気、トイレといった基盤を維持する責任があり、当面の人員輸送はNASAがロシアと交渉し、費用を負担する。日本やESAも、毎年、独自に輸送船を打ち上げ、水や食料、衣類、機材などを運搬する責任がある。

プログレスはソユーズと同じエンジンを使っており、ほとんど失敗のない信頼性の高いロケットだ

ISSの中央上部にドッキングした日本の無人輸送船「こうのとり」（JAXA/NASA提供）

ったが、11年8月に打ち上げに失敗した。これは1978年以来のことで、将来に不安を残した。

“芸術品”のH2ロケット

対する日本の主力は、水素と酸素を燃料に使う「H2Aロケット」で、スペースシャトルと同じ方式のエンジンが使われている。水素と酸素は室温では気体であるため、燃料タンクに必要な量の燃料を積み込むことはできない。水素はマイナス253℃、酸素はマイナス183℃に冷却すると液体になるので運搬には都合が良いが、極端な低温状態を保たなければならないので、断熱が課題となる。

03年のスペースシャトル・コロンビア号空中分解事故は、打ち上げ時に断熱材が剝離して主翼を破損させたことで発生した。エンジンは最高の機密技術であるため、NASAは日本に技術供与することはなかった。JAXAの前身、宇宙開発事業団は、大変な苦労の末、94年に国産技術による「H2ロケット」の打ち上げに成功した。その構造は芸術品と呼ばれるほど非常に複雑だった。コスト削減のため、すっきりと単純化された改良型の

国産、大きな賭けだった

H2Aロケットが01年に完成し、その後の10年間で20機が打ち上げられた。失敗したのは6号機のみで、連続14回の打ち上げに成功している。現在、H2Aロケットの製造は三菱重工に移管され、打ち上げ施設の提供と安全確保をJAXAが担当している。

94年、ISSへの物資輸送は、スペースシャトルの実費負担から、参加各国がそれぞれ輸送する方式に変更することが決まった。ESAは

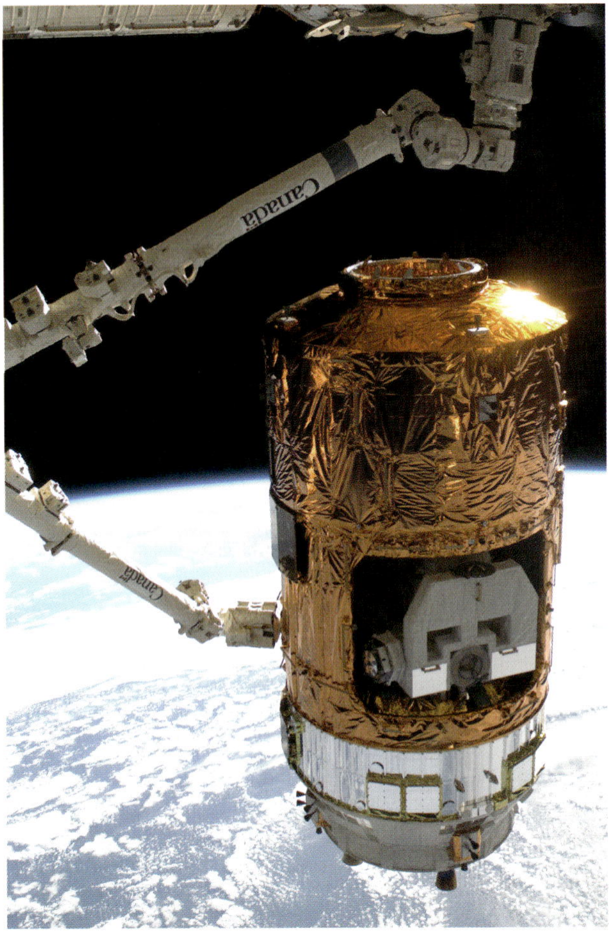

ISSのロボットアームにキャッチされた「こうのとり」（JAXA/NASA提供）

ロシアのエネルギア社からプログレスと同じ自動ドッキング機構を購入し、09年3月、1号機がISSへのドッキングに成功している。

日本では、HTVの開発が97年から本格的に始まった。全自動でISSの10m手前まで接近した後、ISSのロボットアームで捕まえるという独自の構想で、「こうのとり」の愛称が与えられた。当初、NASAは「人工衛星しか経験のない日本ができるはずがない」と難色を示したが、JAXAはすべての疑問をクリア。09年9月、「こうのとり1号」がH2Aロケットの増強型「H2Bロケット」で打ち上げられた。

H2Bには、H2Aのエンジン2基と固体燃料の補助ロケットが4本取り付けられ、16.5トンの物資を運搬できる。本来なら、H2Bの1号機にはHTVと同じ外形と重量を持つダミーを搭載して試験を行うところだが、打ち上げ期限が迫っており、最初からぶっつけ本番だった。こうのとり1号には食料、水ばかりでなく、長期間かけて開発された観測装置も搭載された。これは大きな賭けで、失敗したらJAXAは理事長をはじめ幹部が責任を取る覚悟だった。

HTVが、見事ISSにドッキングした瞬間、JAXA筑波宇宙センターの管制室は歓声で沸き立った。日本の管制技術を見届けようと、NASAの使者が管制室で様子を見守った。その後、NASAの輸送船開発を担当する民間企業から、日本のHTVの技術を導入したいと申し出があったとのことだ。

物資輸送後のHTVには、ごみや不用物資を詰めて南太平洋に廃棄する。大気圏突入時に空気との摩擦熱でできるだけ燃え尽きるよう設計されているが、どうしても一部が海底に沈む。これが今後の課題である。狙ったところにピタリと落下させることができれば、パラシュートを使って海上で回収できる。現在、JAXAが海上回収に向けて技術開発を行っている。これまで通りこつこつ努力を重ねていけば、最終的には、宇宙飛行士の往還機に発展させることも夢ではないと思っている。

Mission《ミッション》 13 「ソユーズ」の話

「枯れた技術」で飛行士運搬

国際宇宙ステーション（ISS）には、6人の宇宙飛行士が滞在している。スペースシャトルが2011年7月に引退したので、飛行士の往復手段はロシアのソユーズ宇宙船だけとなった。野口聡一飛行士と古川聡飛行士は、それぞれISSに5カ月半滞在し、ソユーズ宇宙船で往復した。12年には星出彰彦飛行士、13年には若田光一飛行士が同じようにソユーズ宇宙船で飛ぶ。

1980年代前半、日本では、スペースシャトルを使って日本人最初の宇宙飛行士を誕生させる計画が進行していた。だが、86年のチャレンジャー号爆発事故で、毛利衛さんの飛行は92年にずれ込んだ。その間、東京の放送局TBSは旧ソ連の宇宙総局と有償飛行契約を結び、90年12月、ソユーズ宇宙船で外信部デスク（当時）の秋山豊寛さんをミール宇宙ステーションに送り込んだ。目標の「日本人初の宇宙飛行士」は秋山さんに奪われ、計画に関わっていた私は悔しさのあまり「旧式のソユーズロケットはそう長いことはない」と言ったものだが、皮肉なことに今や、これだけが頼りになってしまった。

世界初の宇宙飛行士Y・ガガーリンを打ち上げたのは、ボストークロケットだった。61年のことだった。当時、米ソは最初の有人宇宙飛行をめぐって激しく競争しており、米国にとっては衝撃的事件であった。ガガーリンが帰還後に語った「地球は青かった」はあまりに有名だ。一人乗りのボストーク宇宙船は2年2カ月の間に6回打ち上げられた。最後に搭乗したW・テレシコワは女性初の宇宙飛行士であり、宇宙から送信した「私はかもめ」のフレーズは、当時の流行語になった。

大きな設計変更なく40年

初期に活躍したボストークロケットを大型化したのが、全長約50mのソユーズロケットだ。これまで計1500回打ち上げられた。「ちまき」に似た細長い円すい形ロケットを5本束ねたユニークな構造で、それぞれに4個の噴射ノズルが取り付けられている。工場で組み立てた後、旧ソ連のカザフスタンにある宇宙基地まで鉄道で運び、打ち上げ2日前に発射台に垂直に固定する。燃料はボストークロケットと同じく、よく精製された灯油の一種ケロシンと液体酸素。液体酸

列車で運搬中のソユーズロケット（NASA提供）

「枯れた技術」で飛行士運搬

ソユーズカプセルの着地（NASA/Bill Ingalls提供）

素はマイナス183℃で沸騰するので、打ち上げ直前に注入される。

40年以上にわたって設計・運用に大きな変更がなかったソユーズロケットは、死亡事故ゼロの実績を誇り、最も頼りになる飛行士運搬手段となっている。打ち上げを見守るため、モスクワから最寄りの空港に向かう友人が乗ろうとした定期便が強風で欠航したにもかかわらず、ソユーズロケットは定刻通り打ち上げられたと聞いて驚いたことがある。このように、完璧に洗練された技術は「枯れた技術」と呼ばれていたが、最近、不安な事故が発生した。

ロシアがISSへ物資を運ぶ手段は無人の「プログレス輸送船」なのだが、その打ち上げもソユーズ宇宙船と同じソユーズロケットで行われる。2011年8月、プログレス輸送船を搭載し打ち上げられたソユーズロケットは目的の軌道に到達できず、地上へ落下した。失われたのは人命ではなく物資だったので、大きな問題として報道されることはなかったが、もし有人のソユーズ宇宙船を運んでいたらと考えただけで背筋が寒くなる。

事故翌月に予定されていた飛行士の打ち上げは延期され、事故原因の調査が行われた。ロシア宇宙庁は第3段エンジンのガスジェネレーターと呼ばれる部分の故障が原因だったと発表したが、詳細な説明がなく、ISS参加国は一様に不安を感じている。

ところで、私は長い間、秋山さんを良く思っていなかったが、03年に東京で開かれた世界宇宙飛行士会議でお会いし、その魅力にすっかりとりこになった。秋山さんは宇宙から帰還後にTBSを退社して福島県内で有機農業を始め、お会いした時は「百姓です」と名乗られた。今は群馬県内で自給のための稲作、野菜栽培を行っている。「自分で食べるものは可能な限り自分で育てることが私のこだわりだ」と、ある機関紙で述べている。宇宙飛行士の多くは個性的だが、秋山さんはその最たる人である。

そんな秋山さんが宇宙へ飛んだ時にTBSが支払った基本運賃は、2000万ドルだった。ただし、放送中継料や宇宙実験費用が加算され、2倍程度を支払ったといわれている。NASAは、ロシア宇宙庁と12～13年の飛行士一人当たりの往復運賃を5100万ドルで契約したが、最近、ロシア側は14年以降の値上げ方針を明らかにしている。

これは、ソユーズロケットの製造現場を見学した友人から聞いた話だが、現場では高齢の熟練工が一品一品を丁寧に製造しているものの、若い工員は少ないのだという。日本と同様、技術が十分に伝承されていないのでは、と感じたらしいが、当たっていないことを願うばかりである。ロシアの値上げ要求は、資本主義経済の発展に伴う製造コストの上昇が主な原因ではないかと考えている。職人の高齢化もこれから大きな課題になっていくのではないだろうか。

Mission《ミッション》 14 準天頂衛星「みちびき」の話

GPSの精度向上に挑戦

地球のどの場所にいても自分のいる場所が分かる衛星利用測位システム（GPS）。今では自動車のカーナビゲーションシステムへの応用が急速に進み、携帯電話にも使われるようになった。最近のスマートフォンには、GPSを利用した地図情報が活用されている。人々の生活を便利にしたが、元は米国防総省が軍事目的で開発したシステムである。

12時間で地球を一周する24基の人工衛星を使い、地上のどの場所でも瞬時に位置を特定できる。ミサイルに搭載すればピンポイント攻撃が可能になり、実際、湾岸戦争でも使われた。民間には1993年に開放され、日本企業のパイオニアが世界に先駆けてカーナビを発売した。

地上の位置は、3基の衛星が発射する電波の到達時間で割り出される。衛星は高速で動き、刻々と変わる位置とその時の正確な時刻を送信している。電波は1秒間に30万km進むので、100万分の1秒の誤差は300mの差となって現れる。数cm単位の正確さを要求される衛星には、誤差1兆分の1秒の特殊な原子時計が使われる。カーナビの時計は誤差100万分の1秒の水晶時計なので、使う衛星をもう1基増やして誤差を修正し、精度を約10mにまで高めている。

このような技術で世界をリードしてきた米国であったが、徐々に他国との競争が激しくなっている。

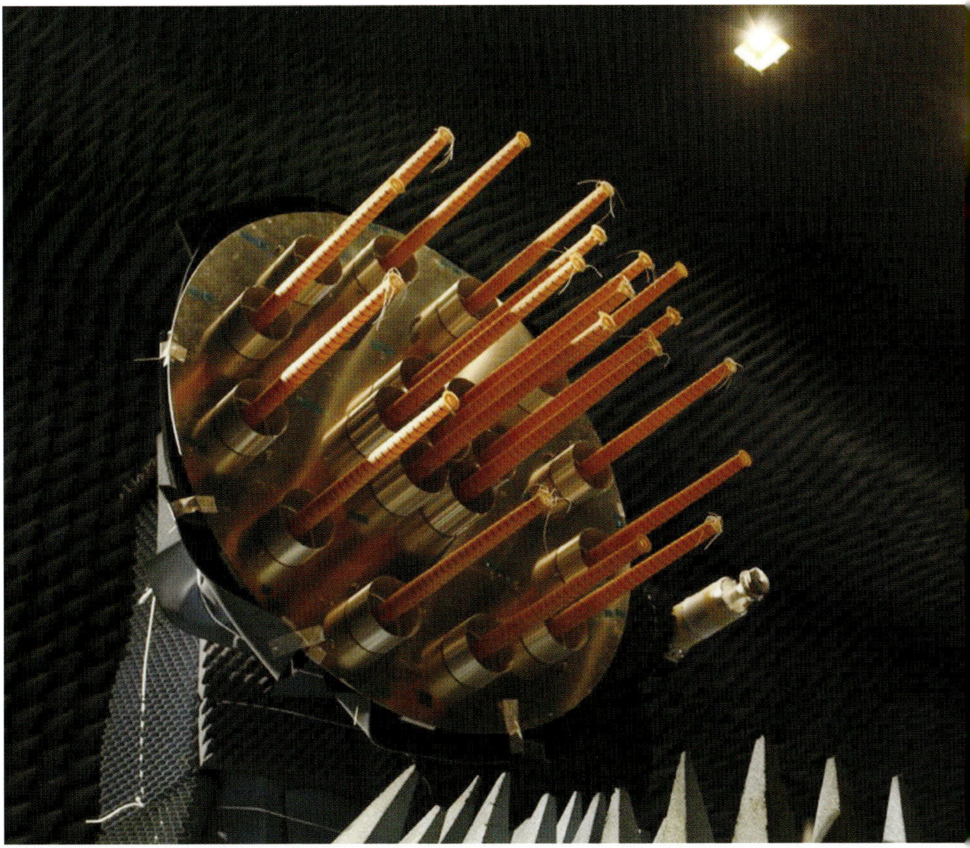

地上で実験中の準天頂衛星「みちびき」のアンテナ（JAXA提供）

精度1m級の測位狙う

2010年9月、JAXAは、準天頂衛星「みちびき」を打ち上げた。「天頂」とは地表の真上のことであり、日本とオーストラリア間の上空3万～4万km付近を8の字を描いて飛ぶ。当面は「みちびき」1基とGPS衛星3基を組み合わせ、精度1m級の測位を狙う。GPSが24基で地球全体をカバーするのに対し、日本は準天頂衛星4基体制を目指しており、実現すれば外国の力を借りることなく、東アジアとオーストラリアをカバーする独自の測位シ

GPSの精度向上に挑戦

ステムを構築できる。

ロシアは旧ソ連時代に独自の測位システム「グロナス」の開発を開始。96年にグロナス衛星の24基体制を完成させたが、予算不足で実用には程遠い状態だった。V・プーチン大統領は、グロナスの整備に力を注ぎ、07年に民間への無料開放を宣言した。宇宙分野で成長を続けるインドとの協力を強化し、12年現在、北半球の測位に有利な6つの軌道に31基の測位衛星を稼働させている。

11年には、米アップル社が米国のGPSに加え、グロナスの電波も利用することで測位精度を高めた新型スマートフォンを発売した。他社も追従の動きを加速しており、

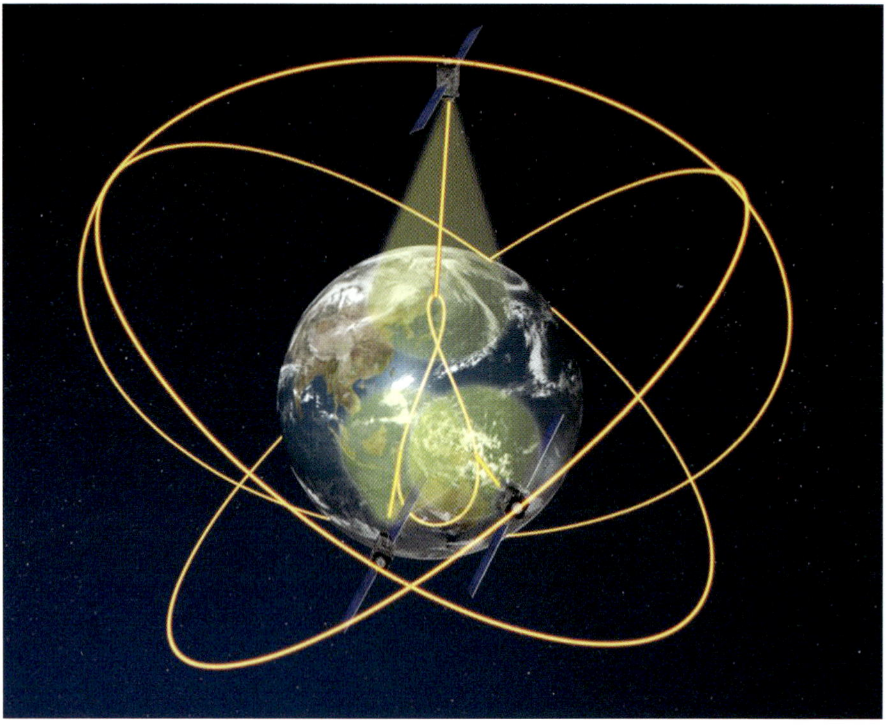

8の字を描いて飛行する準天頂衛星「みちびき」の軌道（中央）。他の3つの軌道は米国のGPS衛星の軌道（JAXA提供）

米国の優位は一挙に崩れようとしている。さらに、中国は独自の測位衛星「北斗」を続けて打ち上げており、20年までに35基体制を完成させる計画だ。ちなみに、ヨーロッパ連合（EU）も、高速道路の料金計算などに活用しようと、民間主体でGPSと同等の「ガリレオ計画」を始めたが、資金が続かず、現在は中断している。

ところで、GPSは衛星24基のうち、常に4基が視野にある必要がある。衛星は高速で地球を周回しており、真上から水平位置に近づくほど、信号電波が山、建物、樹木等に遮られ、正確な位置決めが難しくなる。その点、日本が力を入れている準天頂衛星は、常に日本の上空近くを飛行しているので有利だ。

北海道の農場では、トラクターの無人運転試験が行われている。GPSだけでは、トラクターが畑の境界に植えられたポプラの近くで信号が邪魔され停止したが「みちびき」を併用することによって問題なく運転できたことが報告されている。日本が独自の測位衛星を持つ最大の意味は、静止状態で1cm、時速100kmで移動中でも10cmの誤差で位置を決める技術を持つことにある。精密な地図の作製、道路や土地の測量、自動車の移動距離の計測と応用は限りなく広い。

GPSは最近、北朝鮮も軍事目的で利用するようになり、深夜の日本海での麻薬取引などにも悪用している。少し前までは、いったん非常事態が発生した場合、米国がGPS信号の開放を中止したり、他国のGPS利用を制限することも予想された。実際、一時期は精度を落とす妨害プログラムを信号に組み込んでいたが、ロシアのグロナスが自由に使えるようになった今、GPS利用が制限される懸念は薄れつつある。中国のシステムが完成する20年ごろには、米・露・中の3大システムがサービス競争を行うようになるだろう。しかし、各国とも最高精度の信号は公開しないはずだ。日本もすべて出してしまうことなく、独自の準天頂衛星の技術を高めていくことが肝要だ。

ミッション Mission 15 スペースシャトルの話

役目終え 30年の歴史に幕

歴史上、最も複雑な乗り物と言われたNASAのスペースシャトルの最終便アトランティス号が、2011年7月21日、無事帰還した。スペースシャトルは月に人を送ったアポロ計画に次ぐ、夢の宇宙計画として登場した。当初は4機体制で毎週1回、年50回打ち上げる計画であった。

しかし、エンジンやシャトルの外壁に貼《は》る断熱タイルの開発に苦労したためスケジュールが大幅に遅れ、1981年4月、初号機コロンビア号が打ち上げられた。以来、30年間で135回打ち上げられたシャトルは完全に引退した。事故で中断した期間を含めると、打ち上げ頻度は約11週に1回であった。事故を心配しつつ運行を見守ってきた私は、ほっとすると同時に一抹の寂しさを感じている。引退理由は、老朽化と打ち上げコストの増大であった。

79年、東京工業大学の助教授だった私に、旧宇宙開発事業団から「シャトルの半分を借りて行う材料製造実験計画に参加しないか」との誘いがあった。特殊な実験装置の開発と同時に、日本人飛行士を誕生させるという心躍る計画だった。以来、32年間、私にとってシャトルは寝ても覚めても頭から離れない大きな存在であり続けた。初の打ち上げで、コロンビア号が巨大燃料タンクとともにゆっくり回りながら上昇していくのをテレビ中継で見ながら、不思議な気持ちでいっぱいになったものだ。乗組

上昇中のスペースシャトル・アトランティス号（NASA提供）

員はアポロ計画で月着陸の経験がある機長のJ・ヤングとパイロットのR・クリッペンの2人だった。

輝かしい歩みを始めたシャトルであったが、86年1月、チャレンジャー号が上昇中に爆発し、03年2月にはコロンビア号が地球帰還時に空中分解。それぞれ乗組員7人が亡くなる痛ましい事故が起こった。NASAは飛行再開のために大幅な安全対策を施したが、当然、運行コストは高騰した。コロンビア号事故以前の打ち上げ費用は1回約540億円だったが、再開後は2倍以

役目終え30年の歴史に幕

改造されたジャンボジェット機で運搬されるスペースシャトル（NASA提供）

上に。こうして、135回の飛行が財政上の限界となった。

チャレンジャー号が爆発した時は、毛利衛、向井千秋（当時は内藤姓）、土井隆雄の各宇宙飛行士候補者が日本での訓練を始めたところだった。事故の影響で訓練計画はストップし、急きょ、私は週1回の宇宙実験ゼミの講師として3人と勉強することになった。先行き不透明だったが、事故翌年までにシャトルの運行再開が決まった。3人が私のゼミを終えて米国留学へ旅立った時は安心した。

私にとって最も印象深いのは、92年に毛利さんが搭乗したエンデバー号の飛行である。チャレンジャー号で失われた機体を補充するため、当時のR・レーガン大統領の指示で建造された新鋭機の初飛行だった。この年の9月12日は快晴。われわれ関係者が見守る中、予定時刻にごう音をあげてエンデバー号が打ち上げられ、感激した思い出が今でもよみがえる。日本が開発した実験装置をNASAも使う条件で、シャトルの実験室半分を与えられ、22件の材料科学実験、12件の生命科学実験が行われた。実験は「ふわっと92」と名付けられ、9月12日は「宇宙の日」となった。

ISS完成に貢献

続いて飛んだ向井さんが、94年に乗ったのがコロンビア号だ。この機体は宇宙実験用に設計され、数々の材料実験と生命科学実験が行われた。その後、日本の実験装置がシャトルに搭載される機会はなかったが、03年、待ちに待った日本のタンパク質結晶育成装置が搭載され、実験は順調に終了した。しかし、帰還日の夜、自宅書斎にいた私に、別室でテレビを見ていた娘が「コロンビア号に事故があったって、テロップが流れている」と大声で知らせてきた。

数分後、着陸予定地の米ケネディ宇宙センターへ実験試料を受け取りに行ったチームからも「NASAが混乱している」とメールが入った。「何があっても冷静に行動を」と返信し無事を祈ったが、ほどなく最悪の事態が発生したことがはっきりし、私は眠れぬ夜を過ごした。

バラバラになったコロンビア号は、米テキサス州の各地に落ちた。事故当時、地上で宇宙実験の副管制官をしていた向井飛行士が、後に「落下回収物の中で線虫が生きていたのよ」とポツリと言った。線虫は原始的な動物だが、DNAの塩基配列がすべて分かっているため進化の研究によく使われる。どんなに小さくても、地上に帰った命があったことに、少しだけ救われた思いがしたのだった。

シャトルは、国際宇宙ステーション（ISS）への飛行士輸送と同時に機材運搬船として設計された。深刻な事故を2度も起こし、コストが雪だるま式に増えたことから、今では「宇宙開発史上、まれに見る失敗作だった」と批判を浴びているが、ISS完成に大きな役割を果たしたのは間違いない。これまで打ち上げ続けた米国の意地と忍耐は、もう少し称賛されてもいい。

Mission《ミッション》 16 危機管理の話

シャトル事故14人が犠牲

国際宇宙ステーション建設の立役者とも言えるスペースシャトルは1981年の初飛行以来、計135回打ち上げられたが、悲しい事故を2度経験した。中でも26年前に起きた事故を思うと、私の胸は今もしめつけられる。86年1月28日、チャレンジャー号が打ち上げ73秒後に爆発し、飛行士7人が亡くなった。

その1週間前、私はワシントンのNASA本部にライフサイエンス部長を訪ねていた。彼の部屋にあったテレビの画面には、生き生きと目を輝かしてインタビューに答える女性が映っていた。部長は画面を指さし「彼女はもうすぐ英雄になる」と言った。チャレンジャー号の爆発後、私は、彼女が米国の高校教師で初の民間人宇宙飛行士として搭乗し亡くなったクリスタ・マコーリフさん（当時37歳）だったと知った。よりによって、多くの子どもらの夢を背負う高校教師が乗ったシャトルが爆発するなんて。当時、日本人初の宇宙飛行士を誕生させるプロジェクトに参加していた私も大きな衝撃を受けた。

現場の警告無視し強行

チャレンジャー号の事故は、打ち上げ時の気温が氷点下だったため、補助ロケットの円筒接続部に入れたゴム製パッキンの弾力がなくなり、隙間から高温の燃焼ガスが吹き出して、液体燃料を入れた主タンクが爆発したものだった。低温下での打ち上げの危険性を指摘する現場の声があったが、当時はいろいろなトラブルによってシャトルの打ち上げが何度も延期になっており、高校教師の打ち上げを大統領の予算教書演説に間に合わせることが優先された結果であった。最大の問題は、現場からの警告が打ち上げ責任者に届かなかったことであった。

もう一つの事故は、2003年に地球へ帰還途中に空中分解し、飛行士7人が死亡したコロンビア号の惨事だ。打ち上げ時にシャトルの燃料タンク表面に貼られた断熱用プラスチックがはがれ、主翼に衝突してひび割れが生じて引き起こされた。コロンビア号の発射後、NASAは、主翼に何かが衝突したことを映像記録から把握し、一部

スペースシャトル・チャレンジャー号の爆発事故（NASA提供）

シャトル事故14人が犠牲

スペースシャトル・コロンビア号の乗組員（NASA提供）

の技師が戦略空軍の特殊望遠鏡による検査を要求したが、NASA幹部は却下し、何もなかったこととして、予定通り運用することを指示した。

コロンビア号事故発生直後にS・オキーフNASA長官は事故調査委員会を召集し、その長としてH・ゲーマンJr.退役海軍大将を任命した。事故対応マニュアルに従い、事故機に関するすべての資料が差し押さえられた。飛行管制室のドアに鍵《かぎ》がかけられたほど、徹底したものだった。委員会はあらゆる関連機関から人材を引き抜き、調査活動を始め、8月には膨大《ぼうだい》な報告書を提出すると同時に公表した。

この報告書は現在でもNASAのホームページに掲載されている。「6カ月という短期間で検証試験を含めてあらゆる可能性を詳細に検討し、明確な結論を得たことは、米国の能力を示したことであり、この調査自体が世界に誇る事業であった」と述べられている。私は、事故調査のあり方として歴史に残る事業だと感心し、その後の数カ月を報告書の通読に費やした。

その内容は衝撃の連続であった。「事故の直接原因は、打ち上げ時に燃料タンクの断熱材がはがれて主翼に衝突、亀裂が生じたことであるが、その可能性を指摘した現場の声を封じたのは、NASAの組織文化である。この文化を変えない限り事故は必ず再発する」と結ばれている。「NASAは不可能と思われた月面に人を送り、無事に帰還させるとの故ケネディ大統領の声明を実現し、さらにアポロ13号の奇跡の生還を成し遂げた。この2つの成功によって、CAN DO（なせば成る）精神が組織文化として根付き、できないことはないとの思い上がりが、安全を無視する結果となったのだ」と厳しく断定した。

もっと驚いたことは「当分、NASAは安全第一主義を掲げ努力するだろうが、10年後には元に戻り、再び事故を起こすであろう」とも述べたことだ。報告書では、アポロ計画の成功がNASAの組織文化を創ったと述べているが、元来「CAN DO精神」はアメリカの開拓フロンティア精神そのものであり、そのことを調査委員会は十分に知った上で、米国民へ警鐘したのではないかと私は考えている。

両事故に共通するのは、現場の警告を無視して、打ち上げや計画を強行した点にある。100%の危機管理は到底できないが、浮かび上がった問題点はどんなわずかなことであっても絶対に手を抜いてはならないのが、危機管理の鉄則である。安全は途方もない高いコストを必要とするものであるが、結局は事故が最も高く付くのだということをわれわれはシャトルの事故から学んだ。

Mission《ミッション》 17 宇宙ごみの話

低軌道にたくさん浮遊

宇宙も地球と同様、ごみ問題が深刻化している。寿命が尽きた人工衛星やロケットの破片などは「スペースデブリ」と呼ばれ、地球の周りを秒速8km前後で周回している。2011年秋には、任務を終えた大型衛星が2つ、地球に落ちた。落下地点が直前まで予測できず、世界中が大騒ぎになったのは記憶に新しいところだ。

まず、6.5トンある米国の大気観測衛星が大気圏に突入し、燃え残った500kgが落下。2.4トンあったドイツのエックス線観測衛星が続いたのだが、この衛星には耐熱材料が多く使われていたので、1.6トンも燃え残って落下したようだ。人への被害確率は、それぞれ3200分の1、2000分の1と見積もられたが、幸い被害の報告はなかった。

日本の「こうのとり」など、国際宇宙ステーション（ISS）に物資を送り届ける無人輸送船は、補給後、ISS船内のゴミなど不要物を満載して切り離す。大気圏に再突入させて燃え残りを南太平洋に落下させるため、デブリにはならない。それにしても、いつも片道飛行ではもったいないものだ。ISSには地上に持ち帰って調べたい実験試料が山ほどある。将来、日本は「こうのとり」を海上で回収できるようにしたい考えで、宇宙実験に参加している研究者が早期実現を望んでいる。

ISSに衝突の恐れも

さて、ミサイルの侵入監視を本務とする米軍航空防衛司令部では、

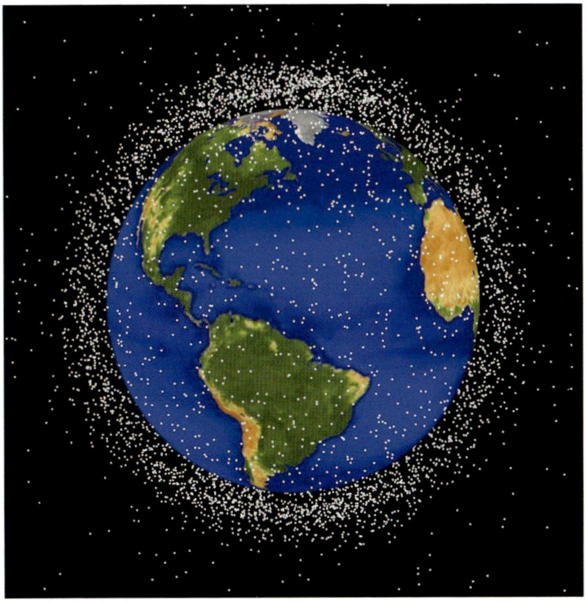

米軍がレーダー観測した10㎝以上の宇宙ごみ（スペースデブリ）の分布図（NASA提供）

レーダーを使って常時デブリの観測を行っている。10㎝以上の約11000個をカタログに登録し、その動きを公表している。宇宙空間は完全な真空状態ではなく、原子のような粒子が微量に存在している。人工衛星やデブリはこれに当たることで少しずつ速度が低下し、高度を下げていく。粒子の量は地球に近いほど多い。高度800㎞を漂うデブリが地球に落下するまでには数十年かかるが、600㎞では数年と、落下までの期間が急速に短くなる。10㎝以上のデブリは、毎日平均1個が地球に落下している。

日本には岡山県内に2カ所のデブリ観測所がある。一つは望遠鏡による静止衛星付近の高軌道、もう一つはレーダーによる1000㎞以下の低軌道の観測を行っているが、両施設とも老朽化しており、高性能機器に更新することが必要だ。

デブリは地球に落下するだけではなく、宇宙空間での衝突事故を引き起こす危険性もはらんでいる。ISSは、デブリと衝突する恐れがあると判断した時、飛行士帰還用に取り付けられているソユーズ宇宙船のエンジンを噴射して安全な軌道に移動する。1998年に建設が始まってから15年が経つが、この間、年に平均1回の回避行動が取られた。

軌道が分かっている10cm以上のデブリは事前に逃げることが可能だが、観測データのない小さなデブリには対処のしようがない。1cm～10cmのデブリはおよそ50万個あると言われているが、正確な数は不明である。1cm以下のものに至っては数千万個以上あると推定され、相当高い確率でISSに衝突する可能性があるため、特別の防護壁が必要になる。

ISSにある日本の実験施設「きぼう」の船内実験室は、ジュラルミン製である。衝突のダメージは速度の2乗に比例する。高性能ライフルの発射速度は秒速1km。同じ弾丸をデブリと同じ秒速8kmで衝突させた場合の威力は64倍になる。この速度で1cmのデブリが衝突す

岡山県井原市美星町に建設されたデブリ観測施設「美星スペースガードセンター」
（日本宇宙フォーラム提供）

ると、厚さ5cmのジュラルミンの壁をたやすく貫通する。

宇宙構造物はできるだけ軽く造りたい。そこで、本体の壁の外側に厚さ約5mmのもう1層のジュラルミン防護板を置くことになった。こうすれば、デブリが突き抜けようとする瞬間、壁材とデブリの双方が圧縮して温度が上昇し、溶けて放射状に噴き出す。本体の壁の広い面積で受け止めることになり、貫通を免れることができる。二重壁のすき間には、防弾チョッキに使われる強化繊維を編み込んだシートを入れ、さらに性能を上げている。これで1cm以下のデブリ衝突には耐えられるが、それ以上の大きさになると、当たらないよう祈るしかないのが現状だ。

私は、ジュラルミン防護板前面に軽いセラミックスを貼って、数cmのデブリから防護する研究をしたことがある。セラミックスは焼き物の一種で、デブリが衝突すると粉々に粉砕されて、大きな衝突エネルギーを吸収できる。しかし、研究がまとまったのは99年であり、ISSの建設に間に合わなかった。セラミックスは日本のお家芸とも言えるほど技術開発が進んでおり、この技術を生かした防護方法が将来、宇宙機に採用されることを期待している。

デブリの数は年々増加し、宇宙開発にとって大きな障害となっている。2007年には、中国が自国の古い人工衛星に弾道ミサイルを撃ち込み、破壊する実験を行った。8000個以上の大きなデブリが発生したと推定され、宇宙を汚す行為として強い非難を浴びた。デブリ発生を国際的に規制しようという動きもあるが、各国の主張が異なっており、強制力を伴う条約締結までには至っていない。

各国がそれぞれガイドラインを設け、打ち上げ時にデブリがなるべく出ないようなロケット開発を始めたところであり、今後デブリの発生は半減するだろうが、完全になくなるわけではない。何とかデブリの大掃除ができないだろうか。宇宙技術者が、ぜひ実現させたいと思う大きな願いの一つである。

Mission《ミッション》 18 民間ロケットの話

打ち上げ試行、開発進む

高度400kmを周回する国際宇宙ステーション（ISS）では、2011年7月にNASAのスペースシャトルが退役した影響で、宇宙実験のスケジュールに遅れが生じている。生物や材料の実験試料を地上へ持ち帰る手段がほぼなくなったからである。唯一の手段は、飛行士の往復に使うロシアのソユーズ宇宙船だが、日本の宇宙実験棟「きぼう」を運用するJAXAに割り当てられた積載量は、弁当箱一つ分にも満たない。

ISSへの食料や機材の輸送はJAXAのHTV「こうのとり」、欧州宇宙機関（ESA）のATV、ロシアのプログレスの3種類の無人輸送船で行っている。これらはすべてISSへの片道飛行であり、用が済めば南太平洋へ投棄される。高速で大気圏に突入する際に摩擦熱で大部分が燃え、残りは海底に沈む。JAXA、ESAがそれぞれパラシュートを使って帰還後の輸送船を回収する計画を進めているが、実現には3年以上かかる見通しだ。

ISSの70%の利用権をもつNASAは、2005年、新型のロケットと宇宙船の開発を宇宙開発大手のロッキード・マーティン社に発注した。月への飛行が主な目的で、ISSへ飛行士と物資を輸送する計画でもあった。シャトル引退に間に合うよう開発が進められ、飛行士を運ぶロケットの1段目の試験飛行に成功したが、オバマ大統領はブッシュ前大統領が始めたこの計画を「財政を圧迫する」との理由で中止。

代わりにISSへの物資や飛行士の輸送を民間委託すると決めた。

ブッシュ政権では、ロ社に発注したプロジェクトのほかに、ISSへの物資輸送と地上での回収が可能な格安宇宙船の開発も計画されていた。NASAが全米の民間企業に呼びかけたところ20社が応募し、スペースプレーン・キスラー社とスペースX社が選ばれた。2社が使える補助金の合計は5億ドルが上限で、ロ社への委託開発費のわず

ファルコン9初号機の打ち上げ＝2010年6月4日（スペースX社提供）

か15分の1であった。スペースプレーン社は大手宇宙企業が複数参加して設立された最有力候補であったが、資金調達に失敗し、10年に倒産した。北海道のNPO法人が業務提携し、同社の宇宙旅行計画の日本導入を支援しようとしていたが、これもご破算となってしまった。

一方のスペースX社は宇宙の商業利用を目指し、02年、南アフリカ共和国出身で当時30歳のE・マスクによって設立された従業員800人の新興企業である。同社は高純度灯油のケロシンと液体酸素を燃料とする二段式のファルコンロケットを自前で開発した。ファルコンは英語でハヤブサを意味する。最初のロケット「ファルコン1」は直径1.7m、全長21m。670kgの物体をISSの軌道に運ぶ能力を持つ。このロケットの性能に注目した米国防総省と空軍が、3機分の打ち上げ補助金を決定した。

初号機は06年5月、空軍士官学校が設計・製造した天体のプラズマ観測衛星を搭載して打ち上げられたが、ロケットは25秒後にエンジンが停止し、落下中に分離された衛星が打ち上げ場の付属建物屋上に落下する散々な結果に終わった。1年後に2号機が打ち上げられたが、7分30秒でまたしてもエンジンが停止し失敗。原因究明と改良で資金不足に陥ったため、08年8月

ファルコン9ロケットと
スペースX社創立者E・マスク氏
（スペースX社提供）

に打ち上げられた3号機には、5個の衛星とともに208人の遺灰を搭載したが、今度は2段ロケットの切り離しに失敗した。資金獲得のため宇宙葬にまで手を出しての失敗だったが、料金を受け取った以上、アフターサービスとして予備の遺灰を早急に打ち上げる必要があった。

歯食いしばり、急ピッチ

しかし、スペースX社はこんなことではへこたれなかった。社員の多くは同社の株を保有しており、全社挙げて背水の陣での挑戦が続いた。同社はマレーシアの人工衛星の打ち上げ契約を勝ち取り、3号機失敗の55日後には165kgの模擬衛星を搭載した4号機の打ち上げに成功。10カ月後、180kgの本番の衛星を搭載した5号機の打ち上げに成功した。

スペースX社は直ちに、ファルコン1のエンジンを9基束ねた全長54mの「ファルコン9」ロケットの組み立てを行い、10年6月に初号機の打ち上げに成功。12月には無人輸送船「ドラゴン」のモデルを2号機に取り付けて打ち上げ、切り離した後、パラシュートを使って南太平洋上で回収することにも成功した。次はドラゴンのISSへのドッキング試験を行う予定だ。当初、11年12月ごろと計画されていたが、大幅に延期されている。ISSにドッキングするためには、安全確保が絶対条件になる。厳しいNASAの審査に合格しなければ、打ち上げられない。遅れとともに製造コストは膨らむ一方だが、歯を食いしばりながら民間の力で宇宙開発を急ピッチで進めるアメリカの底力には驚かされる。

同社は、打ち上げに使ったロケットのエンジンをパラシュートで回収し、何回も使うことでコストを現状の半分に減らしたい考えで、当面、ISSでの宇宙実験の試料回収はこの計画の成否にかかっている。実験に裏方として関わる私だけでなく、直接参加している研究者たちも、ファルコンとドラゴンが飛び交う日を今か今かと待ち望んでいる。

Mission《ミッション》 19 人工衛星「中部サット1号」の話

小さな高性能 打ち上げへ

中部地方の2大学と中堅企業グループがつくる小型人工衛星「中部サット1号（ChubuSat-1）」が、2012年12月以降に打ち上げられる予定だ。重さ約50kg、一辺約50cmの立方体で、3面に太陽電池パネルが付けられる。

小型衛星を利用した地球観測を検討していた名古屋大学太陽地球環境研究所の田島宏康教授が、小型衛星の開発・製造を思い描く大同大学ロボティクス専攻の溝口正信教授、中部の航空宇宙関連企業24社のグループ「MASTT（マスト）」と巡り合い、産学協同で開発することになった。マストの紹介もあり、日本の主力ロケットメーカー三菱重工が計画をサポートしている。

産学協同の小型人工衛星といえば、2009年に日本のH2Aロケットで打ち上げられた「まいど1号」を思い出す人も多いだろう。大阪の中堅企業と大阪府立大学の連合チーム「東大阪宇宙開発協同組合」が仕掛けたが、マスメディアからは「中小企業がつくり上げた人工衛星」として大々的に取り上げられ、航空宇宙産業の本家である中部地方は何をしているのか、という声が出たほどだった。

さて、マストの代表は、岐阜県笠松町に本社を構える光製作所の松原功社長。同社はボーイングの新型旅客機787や、国際宇宙ステーション（ISS）への無人運搬船の部材を製造している創業64年、従業員365人の中堅企業である。先日、

地球を周回する「中部サット1号」の予想図

2代目社長の松原さんを訪ねると「マストの参加企業が中部サット1号の製造を通じて互いに技術を高め、質の高い人工衛星をつくることで、海外から小型衛星の注文が来るほどの実績を挙げたい」と熱く抱負を語ってくれた。田島教授と溝口教授は同じ岐阜高校の出身で、田島教授と松原さんは地元小学校の後輩・先輩。さらに、田島教授の父親が同社に勤めていたのが後で分かり「因縁を感じたプロジェクトの立ち上げだった」とも。

宇宙ごみの観測に期待

私たちになじみ深い人工衛星は、大きなものが多い。天気予報に欠かせない気象衛星「ひまわり7号」

小さな高性能打ち上げへ

は、打ち上げ時の重さが4700kgもある。本体の大きさは一辺約2.5m、電力用の太陽電池パネルは長さ33mと大型である。中型の小惑星探査機「はやぶさ」でも、重さは500kgに及ぶ。

これらに比べると中部サット1号は小さいが、高感度可視光カメラと赤外線カメラ、アマチュア無線通信機を備える予定で、大胆な目標を掲げている。可視光カメラは地上の建物を認識できる能力があり、これでスペースデブリ（宇宙ゴミ）を観測する計画だ。デブリはロケットや衛星の破片で、数mから1㎜以下まで、さまざまな大きさのものが宇宙を飛び交っており、ISSや人工衛星への衝突が心配されている。大きなデブリは米軍のレーダー観測データが公表されており、ISSは衝突の危険性が出てくれば小型ロケットの噴射で退避

英国サリー大学の小型衛星制御室（五代富文氏提供）

している。だが、デブリの数はあまりにも多く、外国の衛星にまで十分な対応がなされているとは言えない。

中部サット1号は高度数百kmの地球低軌道を飛行する。ここは最もデブリが多い場所である。人工衛星とデブリが同じ方向で飛んでいる場合、速度の差が小さいので観測は比較的容易だが、逆方向や交差する場合は難しい。中部サット1号だけでデブリ観測技術を完成させるのは難しいが、将来の方向性を見いだせる可能性は十分あると思っている。

また、赤外線カメラで大気中の二酸化炭素の量や地表温度を調べられるほか、災害時には、2種類のカメラを組み合わせることで隔離された地域の状況を把握することもできる。東日本大震災では、携帯電話をはじめ多くの通信網が機能しなくなった。こうした場合、中部サット1号でアマチュア無線を中継すれば通信が確保できる。もっとも、1基だけでは安定的な運用は難しく、同じ能力がある数多くの小型衛星が必要となる。

世界各国で、低価格かつ高機能な小型衛星の開発競争が繰り広げられている。先鞭をつけたのが英国のサリー大学である。10年以上も前、ロンドン郊外にある同大学の小型衛星開発施設を見学した時、ごく普通の実験室で人工衛星を組み立てる職員や大学院生の姿に、日本でもこんな時代が来ると確信したが、実際の道のりは遠かった。

それは、打ち上げ機会が少なすぎたからである。H2Aロケットは当分スケジュールがいっぱいだ。一方、外国には隙間に余裕のあるロケットの打ち上げが多く計画されているので、交渉次第では格安で相乗りできるチャンスが生まれる。中部サット1号の詳細は分からないが、2012年夏ごろには全容が公表されるだろう。まいど1号は打ち上げから約10カ月で運用を終えた。打ち上げを急ぐあまり、資金が続かなかったのが主な原因だった。私は、中部サット1号が予定通り打ち上げられ、長期間に渡って観測が続くことを期待したい。

Mission《ミッション》 20 宇宙食の話

好みのボーナス食持参

国際宇宙ステーション（ISS）には6人の飛行士が6カ月単位で滞在している。肉体的な健康維持はもちろん、良好な精神状態を保つためにも、食の問題は重要だ。ISSではアルコール飲料が禁止されているが、1986年に建設が始まり、役目を終えて2001年に破棄されたロシアの宇宙ステーション・ミールには、祝日用にウオツカやブランデーが搭載されていたことが知られている。しかし、飛行士の好みまで考えた食品の供給はほとんど行われなかった。ミールに食料を供給した無人運搬船「プログレス」の搭載能力がそれほど大きくなかったためだ。

1981年、NASAのスペースシャトルの登場で、宇宙の食事情は劇的に変わった。シャトルは運搬能力が大きく、地上とほぼ同じ食品をISSに輸送できた。しかし、シャトルが引退した今、食料供給はプログレスと日本、欧州の無人運搬船が頼りだ。2011年8月にはプログレスの打ち上げが失敗し、果物などの新鮮な食料の供給が止まった。おかげで、ISSに滞在していた古川聡飛行士たちは保存食の毎日となり、帰還後に食べた果物は、大げさではなく涙が出るほどおいしかったという。

カレーがNASA標準食に

シャトル時代、飛行士はボーナス食と呼ばれる特別食を持参できた。有名なのは毛利衛飛行士が持参した日本製カレーライスであ

ISSのロシア施設で食事をする飛行士たち（NASA提供）

る。同乗した飛行士に食べてもらったところ評判が良く、さっそくNASAが類似品を開発して標準食に採用した。宇宙では味覚が鈍るから、辛めのカレーが好まれるようだ。毛利さんは納豆も持参したいと申し出たが、試験の結果、納豆の糸が無重力空間を浮遊して危険だと判断され、あえなく不合格となった。

カレーライスのほかに日本人飛行士がシャトルに持参した代表的なボーナス食を挙げると、向井さんのたこ焼きと肉じゃが、土井さんのラーメンと日の丸弁当、若田さんの草加せんべいなどがある。たこ焼き、肉じゃが、ラーメンはフリーズドライで製造し、最高温

好みのボーナス食持参

度70℃のお湯で戻して食べるわけだ。毛利さんに、ボーナス食が待ち遠しかったか聞いたところ「シャトルの飛行士のスケジュールは分刻みでとても忙しく、2週間程度の飛行中、ゆっくり食品を賞味する余裕はなかった。むしろ、珍しい食品を持参することは、仲間とのコミュニケーションを良くするための潤滑剤として役立った」とのことだった。

しかし、ISSの長期滞在となると事情は異なる。6人の飛行士がそろって起床し、週休2日と自由時間が十分にあるISSでは、食事時間はコミュニケーションの場としても重要だ。現在は、NASAとロシアが6人の飛行士の食料を半分ずつ供給している。ISSで使用できるお湯の温度は80℃である。

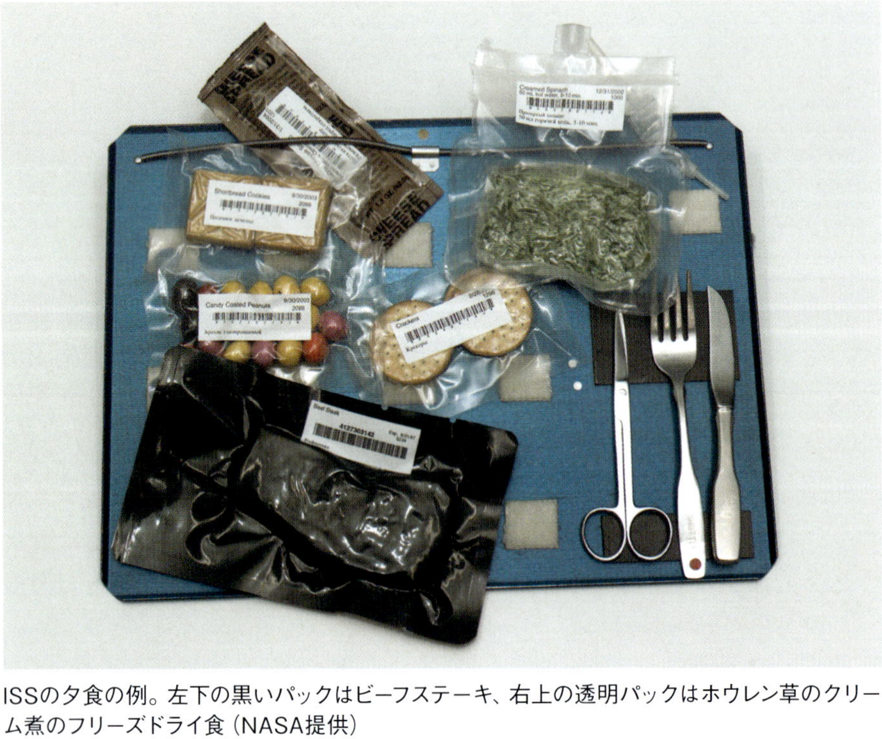

ISSの夕食の例。左下の黒いパックはビーフステーキ、右上の透明パックはホウレン草のクリーム煮のフリーズドライ食（NASA提供）

米ロで計約300種類の宇宙食が登録され、日本を含むNASA側の飛行士は、NASAが準備した約200種類から希望することができる。原則、16日ごとに同じメニューが繰り返され、一日の平均標準カロリーは2700キロカロリーと地上に比べてやや高めに設定されている。

JAXAは、ISS用に宇宙日本食の開発を進めている。常温で１年間保存できること、フリーズドライか、温めて食べるだけのレトルト食品であること、プラスチックで包装することを条件に、現在は12社の29品目を認定している。これらはISS宇宙食のリストにも加えられ、搭乗予定の飛行士が試食した意見を参考に、NASAの食品担当者が実際に持って行く品目を決めている。

ロシアは伝統的に缶詰食が主流である。欧州宇宙機関（ESA）も同じで、売りはフランス料理。アヒル、マグロ、セロリ、デザートにアンズがそれぞれ缶詰に収まっている。食にうるさい飛行士がそろう欧州ならではだろう。アメリカ人飛行士は、何と言ってもビーフステーキを食べたがる。しかも、あまり熱を加えない、血のしたたるレアかミディアムの焼き具合が憧《あこが》れだ。NASAは、強い放射線を照射して殺菌したビーフステーキを標準宇宙食としている。日本では食品衛生法で放射線による殺菌は禁止されており、代わりに深海４万ｍに匹敵する4000気圧をかけて殺菌する。この方法で製造した「旬《しゅん》の果物幸せ煮」を向井さんが持参し、好評だったとのことだ。

09年12月からISSに６カ月長期滞在した野口聡一飛行士は、テレビ番組の収録で手巻き寿司を握った。素材は、お湯を加えて食べる乾燥米とサケフレーク、焼き海苔《のり》だった。その後、シャトルでISSを訪れた山崎直子飛行士も和服姿で手巻き寿司を握り、外国人飛行士に振る舞う姿が中継された。このような優雅なイベントができたのも、シャトルが運航していたからである。NASAが民間に委託して開発中の運搬船が飛行を開始するまでは、綱渡りの食料事情が続きそうだ。

ミッション
Mission 21 宇宙船のトイレの話

開発遅れ 排泄《はいせつ》に苦労

宇宙船でおしっこをすると、どうなるのだろうか。勢いが良ければ、流れの方向に真っすぐ進みながら水玉状になり、壁に付着するだろう。国際宇宙ステーション（ISS）の場合は船内で空気を循環させているから、水玉が気流に乗って漂い電気機器の故障原因となる。なかなか危険だ。勢いが弱ければ、おしっこの出口付近に付着したまま盛り上がり、皮膚を濡らしながら広がる。これはこれで、衛生上の問題が生じることだろう。

宇宙飛行士はスペースシャトルの打ち上げ時、おむつの使用が義務付けられる。打ち上げ時は、座席を直角に倒し足を上げた状態となるのだが、この姿勢が長時間続くと胸付近の血圧が上がり、血液中の水分を減らして血圧を下げる。そうして、おしっこの我慢ができなくなるのだ。このおむつは尿をただちに吸収し、濡《ぬ》れた感じが少ない。開発には、NASAが大きな貢献をした。

ロシアのソユーズ宇宙船の打ち上げ時も同様なのだが、ロシアの軍人飛行士はプライドが高い。おむつを着けることを嫌がるばかりか、拒否する者もいるらしい。世界最初の宇宙飛行士ガガーリンは、宇宙船に乗り込む前に立ち小便をして、膀胱《ぼうこう》を空にした。これに習い、今でも乗り込む直前に立ち小便をすることが伝統になっている。「おむつになど出すものか」という意地を感じさせる。

ISSのトイレでは、おしっこをチ

ューブで吸引する。男性用の吸引口は漏《ろう》斗《と》状。女性は股間周辺の形状に合わせた受け口を押し付けて排尿する。この方式は約40年以上変わっていない。スペースシャトルには多くの女性飛行士が搭乗するので、1970年代、NASAは快適な女性用小便器の開発に努力したが、結局、飛行士一人一人の体に合わせた受け口を使用する古典的な方法に落ち着いた。

深刻なのは大便の処理だ。宇宙船では、排泄した大便はそのままでは落下せず、尻にまとわりついたままの状態が続く。そこで、便器の中心に向かって空気の流れをつくり、吸引する構造になっている。だが、飛行士の体調や食物の種類によっては、便が尻から離れにくいことがある。医師でもある向井千秋飛行士から「特に日本人飛行士は植物繊維が多く含まれる食物を好むので、切れが良くないのよ」と聞いたことがある。どうしても尻から離れない時は、薄いゴム手袋を着けた手で便を握って切り離し、反対の手で手袋を裏返してしばり、収納ケースに入れる。

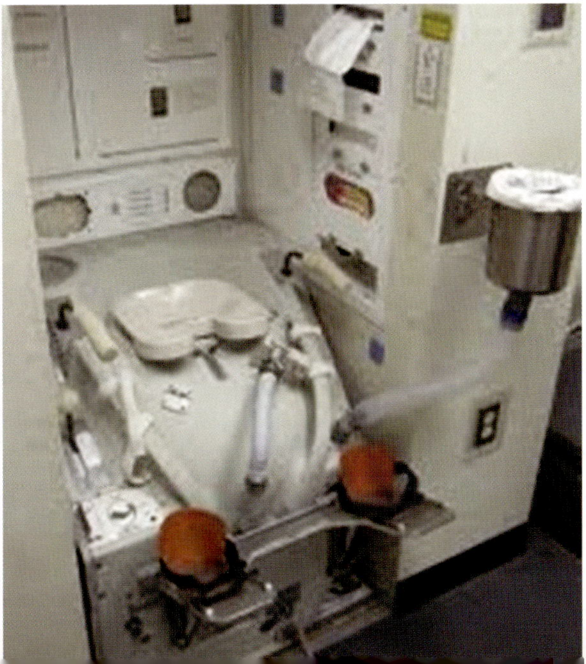

スペースシャトルのトイレ
（NASA提供）

開発遅れ排泄に苦労

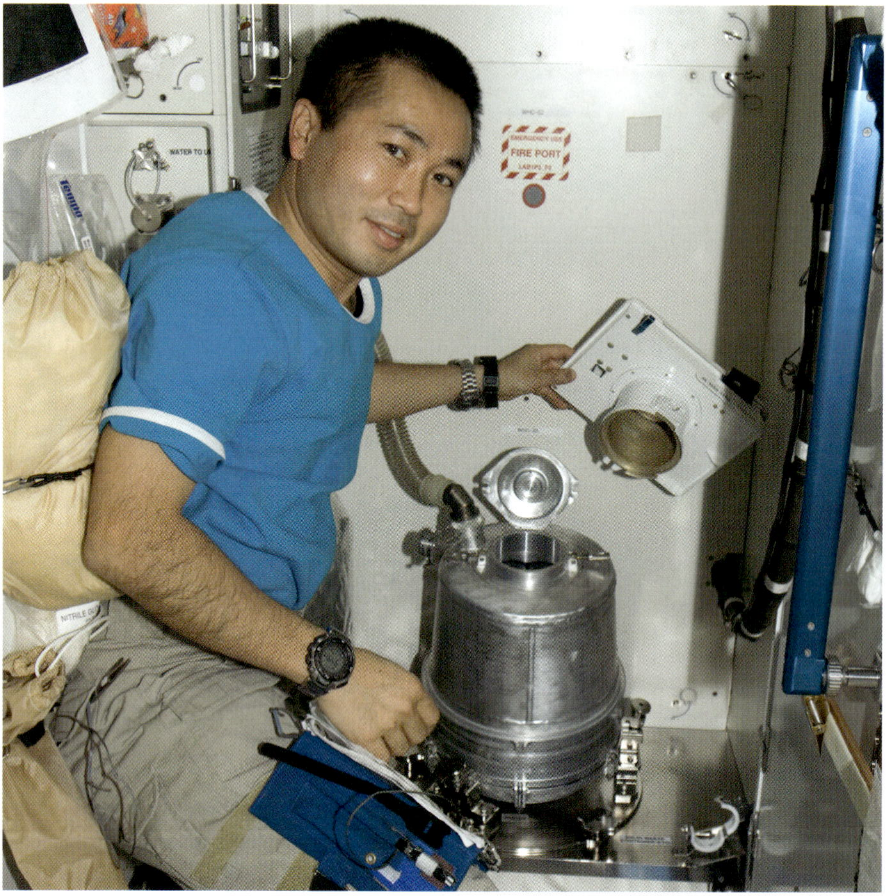

ISSのトイレ掃除をする若田光一飛行士（NASA提供）

この作業には結構、時間がかかる。若田光一飛行士によると、宇宙飛行士の作業スケジュールに支障が出ることもあるらしい。

だから、吸引力はできるだけ強くしたい。飛行士は、尻と便座の隙《すき》間《ま》から吸い込まれる空気の流れが最大になるよう、便座の座り方を訓練してから宇宙船に搭乗する。吸い込む穴も小さく作られているので便器が汚れやすく、後始末が十分でない場合もあるらしい。若田飛行士はいつも率先して掃除を行ったので、彼の評判はとても良いという。2013年、船長としてISSに長期滞在するが、再びトイレ掃除には気を配るに違いない。

このトイレにはもう一つの問題がある。吸引モーターの騒音がひどく、夜中に使うと他の飛行士の睡眠妨害になる点だ。ISSには2台のトイレがある。すべてロシア製だ。当初、一台はNASAが開発する予定だったが間に合わず、ロシアから1900万ドルで購入した。2008年5月当時は1台しかなかったトイレが故障し、滞在していた3人の飛行士は大変苦労した。

09年7月には、追加で設置されたばかりの2台目が故障した。幸いスペースシャトルの打ち上げ直前だったので、修理部品を送ることができた。修理が終わるまで、シャトルの搭乗員7人と、若田さんを含むISS滞在要員6人の計13人が、シャトルのトイレとISSに残った1台をフル稼働させて乗り切った。故障原因は、脱水洗濯機のように便に遠心力を働かせて水分を取り除く部分に漏れが生じたことだった。ちなみに、ISSでは尿を含むすべての液体を回収し、浄化して、飲料水をはじめとするさまざまな用途に使っている。

日本らしい技術に期待

重力がないため、地上のように落ちていかない便を上手に処理できないだろうか。JAXAでは妙案を広く募集し、日本らしい宇宙トイレの開発を検討し始めたところだ。成功すれば、足腰が弱り介護が必要な高齢者のトイレにも応用できるはずだ。

早い時期から、温水洗浄便座が普及した日本のトイレづくりの技術は、お家芸ともいえるレベルにある。進んだ民間技術を宇宙へ応用することも期待できる。私もそれを目指す一人として企業と協力し、高齢者がなるべく快適な排泄ができるトイレの研究を続けている。開発できたら、いつか宇宙船のトイレにも生かしたいと考えている。

Mission《ミッション》 22 宇宙服の話

14層構造で気密や断熱

国際宇宙ステーション（ISS）の外は真空状態である。おまけに、太陽の光が当たる部分は120℃、影の部分はマイナス150℃なので、宇宙船の外に出て作業するには、真空に耐え断熱性に優れた宇宙服が必要である。ISSでは、ロシア製とアメリカ製の宇宙服が使われている。これらには約3分の1気圧の酸素が循環し、飛行士が吐き出す二酸化炭素を薬剤に吸収させている。

宇宙服をタンクに入れ、空気を抜いていくと風船のように膨らむ。真空中では、宇宙服の腕や指の関節部分が動きづらく、デリケートな作業が難しい。そこで、飛行士の体調を維持できる範囲で、宇宙服内の気圧をなるべく下げて、内と外の気圧差を小さくする必要がある。

人間は、どれほど気圧の変化に耐えられるのだろうか。高山病の予防や治療のために発達した登山医学の研究成果は、宇宙服の開発に不可欠である。3分の1気圧といえば、高さ8840mのエベレスト山頂にいるようなものだ。空気の主成分は、窒素（78%）と酸素（21%）。3分の1気圧に減圧した空気の酸素量を1気圧に換算すると、わずか7%となる。エベレストを酸素ボンベなしで踏破した驚異的な登山家がいないわけではないが、通常、7500m以上の登山では酸素吸入が常識である。気圧がエベレスト級の宇宙服を着けて長時間デリケートな作業を行うにも、100%の酸素吸入が必要なのだ。

米国最初の宇宙遊泳をするE・H・ホワイトⅡ飛行士＝1965年（NASA提供）

3000m以上の登山は、時間をかけて体を慣らす必要がある。私が3766mの富士登山をした時、深夜バスで5合目に到着後、一気に山頂を目指したところ、9合目あたりで頭痛と吐き気の高山病の症状が出て、慌《あわ》てて山小屋で横になった苦い経験がある。

宇宙船の外での作業を専門家は船外活動と呼ぶが、普通に言えば宇宙遊泳である。英語ではスペースウオーク（space walk）だ。どう呼ぶにせよ、宇宙空間に出るには、登山同様、きちんとした準備が欠かせない。宇宙服の空気を酸素に交換し短時間で気圧を下げる

14層構造で気密や断熱

宇宙服を着て船外活動をする野口聡一飛行士＝2005年8月3日（NASA提供）

と、飛行士の血液中の窒素が泡粒状となり脳梗塞《のうこうそく》を引き起こす危険があるので、事前に取り除く必要がある。かつては0.7気圧に減圧した部屋に飛行士を12時間以上置く必要があったが、最近では、1気圧の部屋で酸素マスクを着けて10分間の自転車こぎ運動をし、次に0.7気圧の減圧空気室で20分待機するだけで同じ効果があると分かり、準備時間が大幅に短縮された。

さて、断熱面はどうだろう。冒頭で述べた通り、太陽光が当たる、当たらないでは表面温度に天と地ほどの差がある。ISSは90分周期で地球の周囲を回っており、光の当たる部分が常に変化している。さらに、船外活動している飛行士は動き回るので、宇宙服の表面温度は激しく変化する。宇宙服は14層の断熱構造になっている。そのままでは、体から出る熱がたまって暑くなる一方なので、飛行士は冷却用のプラスチック製チューブを網目状に埋め込んだ下着を着る。また、酸素補給や二酸化炭素の吸収、温度調節の装置などを一つの箱に収納した生命維持装置をランドセルのように背負って活動する。

開発費含め1体100万ドル

宇宙服は、飛行士のサイズに合わせて部分ごとの交換が可能で、予備を含めて20着程度あれば十分間に合う。数はそれほど必要でなく、開発費を含む単価が驚くほど高くなるのは当然である。NASAが使用している宇宙服の製造企業に、JAXAが価格を問い合わせたところ、本体が100万ドル、生命維持装置が90万ドルだった。

日本人で初めて船外活動をしたのは土井隆雄元宇宙飛行士だ。1997年、約13時間にわたって、スペースシャトルの外に出て人工衛星の回収などに取り組んだ。厳しい環境の変化と緊張のあまり、頻《ひん》繁《ぱん》に尿意をもよおしたという。我慢は体に良くないので、NASAは早めにおむつに出すよう訓練している。土井さんに続いたのが野口聡一飛行士。2005年、シャトルの断熱タイルの補修試験が任務だった。彼は、作業リーダーとして船外活動経験者のNASA飛行士とペアを組み、見事な働きぶりを見せた。その姿に、私は大きな誇りを感じた。

宇宙服の今後の課題は、放射線の一種である宇宙線からの防護機能と、快適な排泄《はいせつ》機能の強化だと思う。一般に放射線を遮《さえぎ》る材料は鉛のように重い物質に限られる。NASAの宇宙服は約120kgもあり、地上では補助者２人の助けを借りなくてはならない。JAXAや東京工業大学では、新素材技術を駆使した軽く快適な宇宙服の開発を進めている。原発事故の処理や古い原子炉解体作業の防護服をはじめ、宇宙服の地上技術への応用も期待できる。

Mission《ミッション》 23 服装の話

パンプキンスーツは命綱

宇宙服には、緊急脱出用と宇宙遊泳用がある。これらに加え、飛行士の制服を指す場合もある。2011年に退役したスペースシャトルには、毛利衛飛行士から山崎直子飛行士まで、7人の日本人が搭乗した。NASAの宇宙飛行士が着る制服は、ブルーのつなぎだ。NASAで訓練を受けた日本人飛行士も同じ制服だが、腕に日の丸、胸にはJAXAのワッペンが付いており、あらゆる公式行事で着ることになる。飛行士が私服で講演しようとすると、主催者からは決まってブルーの制服着用が求められる。その方がさまになるからである。

シャトル事故を機に開発

スペースシャトルに搭乗する時、飛行士たちはオレンジ色のだぶだぶのつなぎ服を着て、バスで発射場に移動する。米国人は、オレンジ色のつなぎ服からカボチャを連想するらしく「パンプキンスーツ」のニックネームで呼ばれる。正式名称は「緊急脱出服」という。1986年、スペースシャトル・チャレンジャー号は打ち上げ時に高度15000mで爆発し、飛行士7人が空中に投げ出された。事故後の検証から「数人の飛行士は海面にたたきつけられる直前まで生きていた」との悲しい報告がなされた。

そこで、打ち上げ時と帰還時、高度30000m以下で事故が発生した場合、飛行士がパラシュートで脱出できるよう機体に改造が施された。高度30000mは約100分の1

「パンプキンスーツ」の装着を手伝ってもらう山崎直子飛行士（NASA提供）

気圧であり、真空に近い。機体が損傷すると機内の気圧が急激に下がる。この時、自動的に空気が送り込まれ、海上に着水後も防寒防水の役割を果たすのがパンプキンスーツだ。機体改造に合わせて開発され、鮮やかなオレンジ色は海上で目立つようにと選ばれた。

シャトルが上昇してエンジンが停止し無重力状態になると、飛行士たちはヘルメットを外し、パンプキンスーツを脱いで仕事しやすい軽装になる。機内温度は約20℃に保たれ、飛行士の多くはポロシャツとチノパンスタイルで作業するが、日本人飛行士にとってこの

パンプキンスーツは命綱

気温は少し低すぎるようだ。山崎飛行士は、友人の服飾デザイナー芦田多恵さん作のカーディガンにショートパンツ姿となって話題になった。帰還時はまたパンプキンスーツを着用し、シャトル着陸後、ブルーの制服に着替えて地上に整列し帰還あいさつをする。

東京で宇宙実験の国際会議が開かれた時、ドイツの宇宙飛行士U・ワルターさんを招待した。ドイツ国立航空宇宙研究所の研究者でもあり、自国の宇宙実験のため93年にシャトルで飛行した彼と、会議後はカラオケスナックで大いに盛り上がった。飛行士はタレントのようにブロマイドを持参しており、サインして人に渡すことがある。ワルターさんの写真はパンプキンスーツ姿で、スナックのママが「店

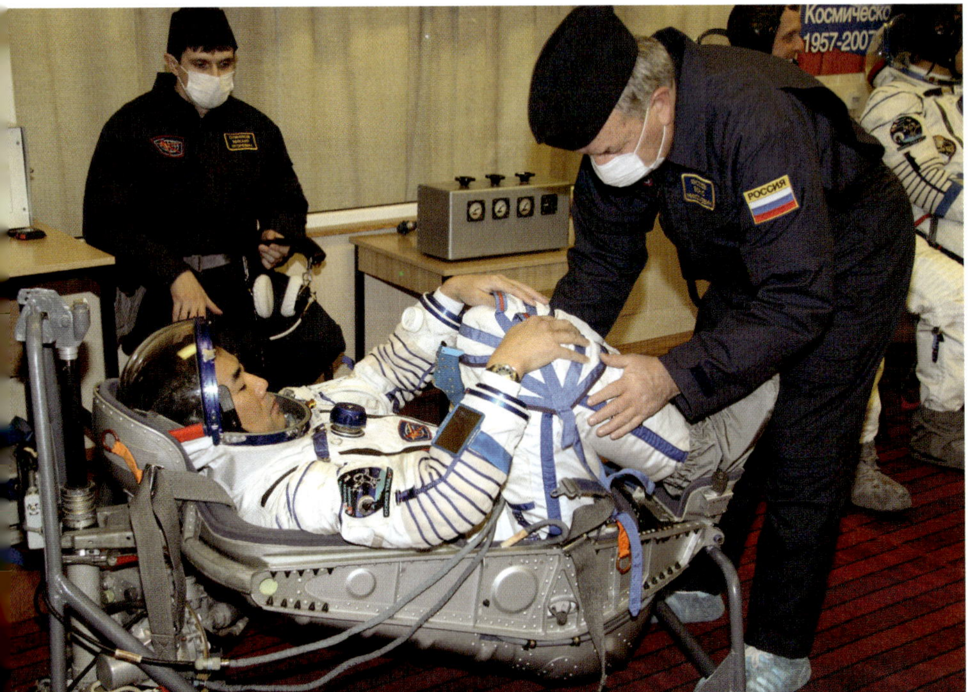

緊急脱出用ソコル型宇宙服を着た野口聡一飛行士の宇宙船座席適合性検査（NASA提供）

に飾りたい」と言って彼にサインしてもらった。帰り際、そのママが私に小声で聞いた。「あの歌手さんは、どうして変なオレンジの服を着て写真を撮ったの?」と。ワルターさんの歌があまりにもうまかったので、歌手と勘違いしたようだ。後に、彼はこの話を自慢にしているといううわさを聞いた。

さて、スペースシャトル退役に先立つ09年、野口聡一飛行士がロシアのソユーズ宇宙船で国際宇宙ステーション（ISS）へ行き、翌年、ソユーズで帰還した。11年の古川聡飛行士の往復手段もソユーズだ。ソユーズの打ち上げと帰還時には、白に青線が入った「ソコル型宇宙服」を着る。宇宙船が損傷した場合の空気漏れを想定し、0.4気圧までの低圧に耐える。ソユーズは陸地にパラシュートで着地するよう設計されており、陸地で発見されやすいよう白が選ばれた。海上を想定したNASAのオレンジと対照的だ。

野口飛行士が、ISS船内でソコル宇宙服を装着する映像を見た。まず、ブリーフの上に、ぴったりと肌に食い込む弾力性のあるロングパンツとロングソックスをはく。血液が下半身に移動し、脳の血液が不足して貧血状態になることを、締め付けることによって防ぐためである。次に長袖アンダーシャツとタイツを着けて、一体構造の宇宙服の胸の開口部から体を入れる。宇宙服の内側は、飛行士の体形に合わせたゴム張りの袋になっており、袋の上部がヘルメット口金に接着されている。口金から頭を出し、胸の袋の開口部をひもで厳重にしばり、宇宙服本体の胸部をファスナーで閉める。最後にヘルメットをかぶり、口金に固定すると飛行士が入った袋と外気が遮断《しゃだん》される。

ヘルメットをかぶる時、生命維持装置からパイプを通じて酸素が供給される。袋構造のシンプルな宇宙服なのでトラブルはないそうだ。欠点は、ヘルメットの窓を開いた状態でも、蒸し風呂にいるように汗をかく点である。ISS内の宇宙服保管場所は、鼻を突くほど汗の臭いがすると聞いたことがある。

Mission《ミッション》 24 睡眠の話

目つむれぬ飛行士の不眠

ぐっすり眠ることができた朝は、快適な一日が予感されて気持ちが良い。眠れない子どもの数は多くないが、年齢が経つにつれ不眠症の人が増える。現代病の代表格だが、主な原因は不規則な生活とストレスの増加である。元来、人には体内時計があり、1日24時間の繰り返しの中で、安定した睡眠を取ることができる。このリズムを壊す行為の一つが外国旅行だ。

日本と、NASA本部がある米ワシントンとは14時間、サマータイム時は15時間の時差があり、体が慣れるまで数日間かかる。仕事で短期滞在の場合、昼は睡魔と戦い、夜は眠れず、不快な気分のまま帰国することが多い。私には、国際会議の座長席で爆睡し有名になった経験がある。その時は、いくら太ももをつねっても睡魔には勝てなかった。

国際宇宙ステーション（ISS）は90分で地球上空を一周する。窓から見える昼夜は1日16回繰り返される。しかも、無重力状態で宇宙飛行士は熟睡できるのだろうか。今までに宇宙に滞在した飛行士は400人を超えるが、やはり、飛行士のほとんどが何らかの睡眠障害を経験したと報告されている。

ISSの中では常時さまざまな機械が動いている。騒音がひどく、睡眠障害の主な原因となっている。特に、トイレの大便吸引の音はすさまじく、睡眠時間中にトイレを使う飛行士がいて困ると聞いたことがある。宇宙では体内時計が約

1時間延びて、1日25時間になることが知られている。体内時計の調整も飛行士の仕事の一つだ。熟睡できず、ぼーっとしていては分刻みのスケジュールをこなせない。NASAは、眠れない時には睡眠剤を利用するよう指導しており、半数の飛行士が実践している。一般成人男性の睡眠薬使用率は約3.5%ということなので、その割合は桁《けた》違いに大きい。

ISSでは、6カ月という長期間、ベストコンディションを保つため、週5日間働き、土、日曜日は休む。飛行士のコストを考えると週6日間働いてほしいところだが、週末の2日間を休んだ方が、結果として仕事を多くこなせるということが欧米では常識となっている。ただ、土曜日は自発的に働いても良

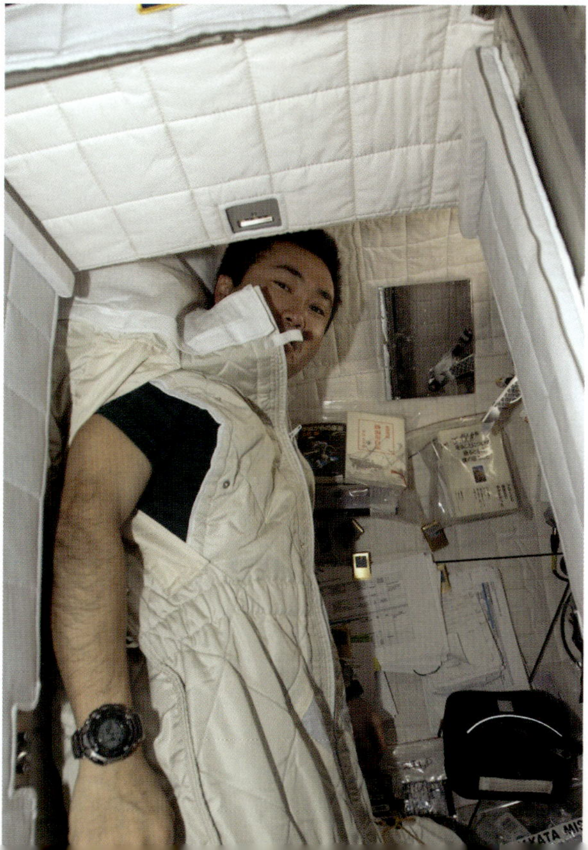

ISS結合部に設置された個室でくつろぐ若田光一飛行士=2009（JAXA/NASA提供）

い。日本人飛行士は教育用のビデオ作成やさまざまなボランティア活動をしていることが多く、他国の飛行士は文化の違いを感じているかもしれない。

ISSには寝室ボックス

さて、せめて寝る時ぐらいは個室が必要だとの判断があり、ISSには小型の公衆電話ボックスのような寝室が設置されている。飛行士は、中に固定された寝袋に入って休む。無重力状態では吐き出した息が顔周辺にとどまってしまうため、寝室ボックスには二酸化炭素が濃くなって窒息しないよう換気扇が付いている。

ボックス内には、照明やインター

「きぼう」の船内実験室で
寝袋に入って寝心地を試す
若田飛行士
(JAXA/NASA提供)

ネット用のコンセントもある。さらに、たくさんの私物がテープで固定され、乱雑な風景だ。おまけに、飛行士は6カ月間シャワーに入ることがないので、中の臭いは相当なものとなる。自分の臭いに包まれるので「かえって心が休まり、ぐっすり眠れる」と語る飛行士がいるほどだ。2009年、ISSに長期滞在した若田光一飛行士は「きぼう」が完成した時、寝袋を持ち込んで寝心地を試したことがある。ほとんどの場所で騒音がひどいISSだが、日本の技術の粋を集めた「きぼう」の中は静かで、睡眠場所として人気があるようだ。

飛行士に熟睡できたか聞いても、答えは主観的で科学的とは言えない。睡眠の深さを知るには、脳波を測ることが必要である。従来の脳波計測はたくさんの電極を頭に装着する。それだけでも、眠りの邪魔になって正確なデータが得られない心配がある。11年、JAXAはISSを利用する社会貢献研究のテーマを募集し4件を選んだ。その一つが、飛行士が常時携帯して睡眠状態を計測できる超小型脳波計の開発だ。電極はわずか2個。提案代表者は大川匡子・滋賀医科大学特任教授（睡眠学）で、日本睡眠学会が全面的に協力する。研究成果は、現代人の不眠症の解決に貢献するだろう。

睡眠は、深い眠り（ノンレム睡眠）と浅い眠り（レム睡眠）の組み合わせが約90分おきに繰り返される。ノンレム睡眠時に脳の疲労回復、レム睡眠時に回復した脳への記憶の刷りこみや情報整理が行われ、人間の知的活動に不可欠との説が有力だが、個人差も大きく課題が多い。

私はかつて、防衛大学校で集中講義をしたことがある。将来、国防を担う学生たちは、授業中、背筋をピンと伸ばして私の方を見ており、当時所属していた某国立大学とのあまりの違いに驚いた。感心して指導教官に尋ねたところ「姿勢を正して、目をあけて寝ている猛者《もさ》もいます」との答えが返ってきた。睡眠には、まだまだ未知の世界があるようだ。

ミッション Mission 25 心のつながりの話

飛行士支えるテレビ電話

1994年から4年間、NASAの宇宙飛行士7人が旧ソ連の宇宙ステーション・ミールに送り込まれた。当時の米クリントン政権が、資金難にあえぐロシアの宇宙開発に資金提供し、宇宙長期滞在の技術を入手することが目的であった。NASAの飛行士1人が、それぞれロシア人飛行士2人と4～5カ月間ミールに滞在した。公用語はロシア語。精神的にも肉体的にも、飛びきりタフな飛行士が選ばれた。

96年には、3番目の飛行士S・ルシドさん（当時53歳）が送り込まれた。彼女は3人の子どもの母親であり、188日という女性としては当時世界最長の滞在記録をつくった。家族とは、電子メールのやりとりによって絆《きずな》を保つことができたと報告している。その後、北海道大学での講演に招かれた彼女は「家族が心配ではなかったか」との学生の質問に「家では夫が家庭を守ってくれたので何の心配もなかった。ロシア人飛行士は大変紳士的で、仕事に打ち込むことができた」と答え、私は日本と米国の文化の違いに驚いた。冷戦で対立する外国のステーションに、女性を一人で長期間送り込むなど、日本では考えられないことだ。

経済崩壊が迫っていた旧ソ連は、ミール2の打ち上げ計画を中止。既に製造されていた心臓部分は改造され、98年に国際宇宙ステーション（ISS）の一部として打ち上げられた。これにNASAのモジュールが取り付けられ、ISSの組み立

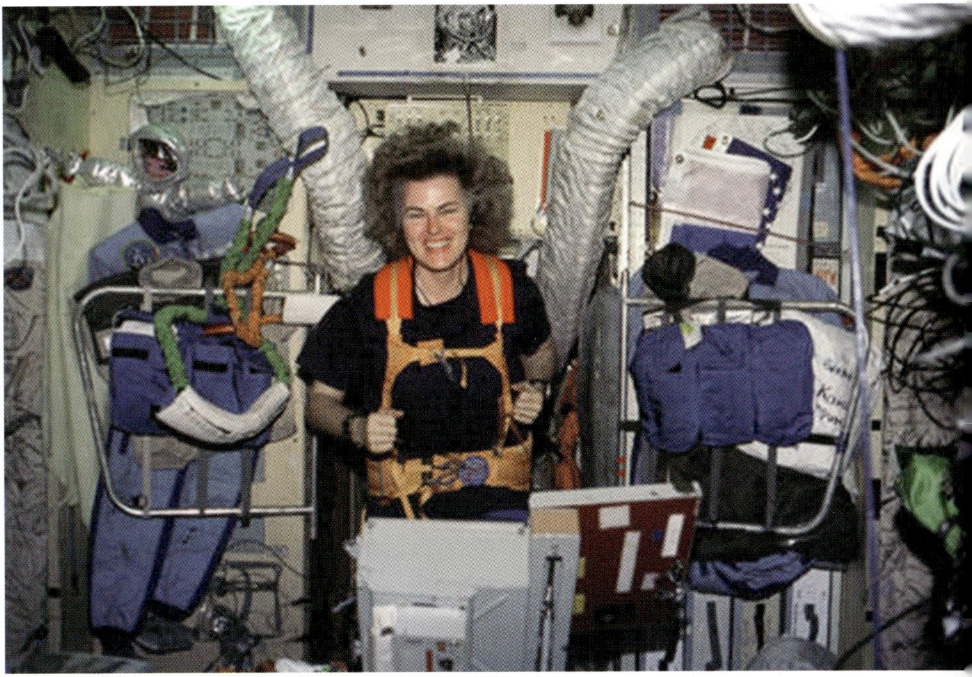

ロシアの宇宙ステーション・ミールでランニング器具によるトレーニング中のS・ルシドNASA飛行士＝1996年（NASA提供）

てが始まった。その裏で、老朽化が進んだミールはソ連崩壊の直前、2001年3月に廃棄された。

90分で一周するISSでは、直接ロシアに電波が届く時間帯しか、地上と会話できない。そのため、ロシア人飛行士は短時間で必要なことを伝える訓練を受けている。一方、NASAの飛行士は中継衛星を使っていつでも通信できる。日本人飛行士は緊急の場合、NASAの施設を使えるが、記者会見や中継放送の場合はISSが日本上空を通過する時に限られる。

NASAの飛行士ドン・ペティトさんと話をする機会があった。彼は「修理の魔術師」と呼ばれる異色の飛行士である。02年11月から161日間、ISSに滞在し、修理不可能とされた実験装置を立ち直らせ、さら

飛行士支えるテレビ電話

に撮影装置の改造もして地球表面の鮮明な写真撮影に成功した。

ISSに長期滞在する宇宙飛行士の留守宅には、特別回線のテレビ電話がある。NASAは、宇宙の閉鎖空間で長期滞在する飛行士が最高の働きをするには家族とのコミュニケーションが不可欠だと考え、テレビ電話を提供しているのだ。若田光一飛行士がISSに長期滞在した時には、埼玉県内の母親宅にも取り付けられた。

ペティトさんがスペースシャトルでISSに向かった時も、ヒューストンの留守宅にテレビ電話が設置された。『絶対帰還』（クリス・ジョーンズ著・河野純治訳、光文社）には「土曜日だけは特別の日になった。週1回、土曜の朝早くに、おそらくは秘密チャンネルで、15分か

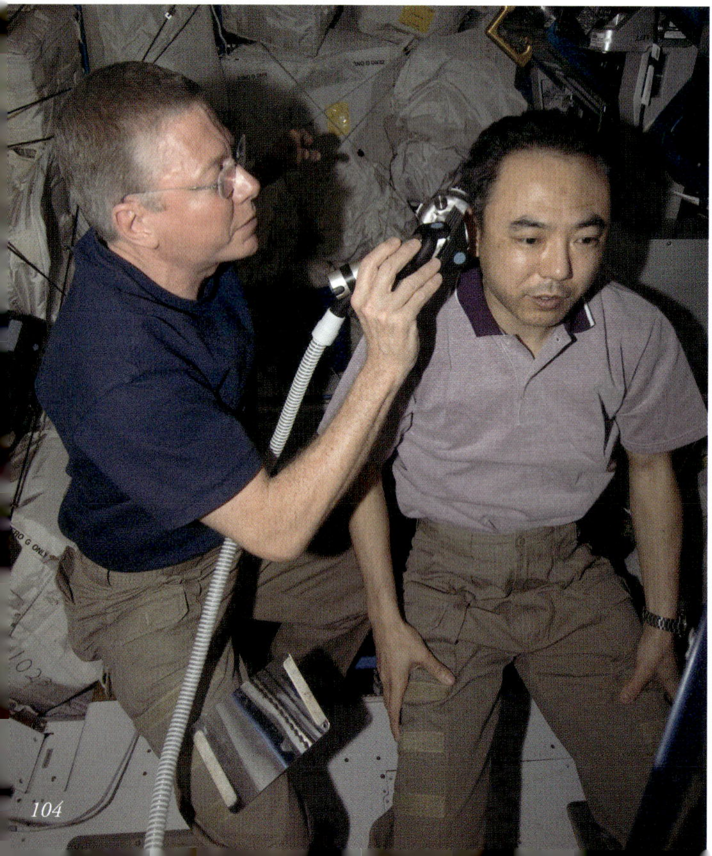

ISSでの和やかな一コマ。古川飛行士の散髪をするM・フォッサムNASA飛行士。真空吸引装置付きバリカンを使用している＝2011年（NASA提供）

ら1時間、夫の顔を見ながら話すことができるようになった。その後、妻のミッキーは、夫ドンとの会話が実は思っていたほど秘密でないことを知った。あるときドンに、ふざけてちらりと裸を見せたら、翌朝になって技術陣から、せめてバスローブぐらいは着ていたほうがいいですよと注意されたのだ」と書かれている。

家族と会話、不安和らぐ

03年2月、スペースシャトル・コロンビア号が帰還途中で空中分解し、飛行士7人が亡くなる悲しい事故が起こり、シャトルの運航が中止となった。ISSで不安に耐えているペティトさんら2人のNASA飛行士にとって、大きな救いとなったのは、やはり妻とのテレビ電話であり、それがなかった1人のロシア人飛行士は、ロシア上空で音声電話をほぼ独占したという。

結局、3人は5月にロシアの宇宙船ソユーズで帰還できたが、計器トラブルで予定地から480km離れた草原に激突に近い状態で着地し、発見まで長時間待たされるおまけまで付いた。ペティトさんに、ソユーズでの飛行はもうこりごりかと聞いたところ「良い経験だった。ISSではしたいことがたくさん残っている。妻が良いというなら、ぜひ行きたい」との返事がすぐに返ってきた。その希望はすぐ実現した。ペティトさんは、11年11月に帰還した古川聡さんのチームとの交代要員として、再度ISSに滞在している。12年5月には、星出彰彦飛行士のチームと交代する予定になっている。

長期滞在の場合、家族とのコミュニケーションと同じくらい、飛行チームの仲間との相性が重要だ。いくら努力しても、気が合う人と合わない人がいる。古川さんは誰からも愛された。本人は、地顔の笑顔が得をしていると話すが、顔だけではなく本当に気取りのない素直な性格で、長期滞在のパートナーとして最適の飛行士だ。13年には若田光一飛行士が船長として滞在する。彼も、気配りの人として評判の高い日本が誇る飛行士だ。

Mission《ミッション》 26 宇宙旅行の話

夢の実現まで あと一歩

スペースシャトルのような宇宙へ行き来できる往還機に乗って地球を眺めてみたい。地球を周回できずとも、せめて短時間、宇宙に飛び出したい。そう思う人は少なくないはずだ。実は、さまざまな民間企業が宇宙旅行の実現に挑んでいる。自前の往還機開発で実現へ一歩手前まで迫っているのが、米ヴァージン・ギャラクティック（VG）社である。VG社の往還機「スペースシップ2」は、社員十数人のベンチャー企業スケールド・コンポジット（SC）社が独自開発した翼付きロケット「スペースシップ1」が基礎となった。

「宇宙」は地球を含めた宇宙全体を指し、地球を除いた空間を「宇宙空間」と呼ぶ。われわれが普通に思い浮かべる宇宙は、空気のない宇宙空間のことだ。オーロラが発生する上空100kmの空気の密度は地上の2600万分の1。国際航空連盟は、このキリの良い100kmを宇宙空間との境界線と定義している。

米国のXプライス財団が、民間の力だけでこの高さ以上に達したチームに賞金1000万ドルを与えるコンテストを催した。パイロットを含め3人相当の重量を積み、同じ機体で1週間以内に2回、基準をクリアすることが条件だ。7カ国20チームが挑戦し、最終的に勝利したのがSC社だった。この会社の創立者は、天才的な航空機設計者B・ルタンだ。彼は無着陸世界一周を成し遂げたプロペラ機「ボイジャー号」の設計者。航空機の設計に

高度100kmに到達に成功後、往還機スペースシップ1の上で見物客に手を振るM・メルビル氏＝2004年、米カリフォルニア州モハベ空港で（スケールド・コンポジット社提供）

必要な風洞試験の代わりに、自動車に模型を取り付けて全速力で走ってデータを取り、あとは試作機を実際に飛ばしながら改良を加える。それが彼の流儀だ。

空気の薄い高度から打ち上げる方が、地上からよりはるかに少ないエネルギーで済む。SC社は地上15kmに往還機を運ぶ母機の開発も同時に進め、2004年6月、ついにスペースシップ1で100.1kmに到達した。パイロットは当時63歳のM・メルビル。米カリフォルニア州モハベ空港からの上昇時にきりもみ状態になり、墜落寸前で立て直す離れ業の飛行であった。

ルタンが設計した航空機のほとんどは、メルビルがテストしている。その年の9月、再びメルビルが操縦して102.9km、その5日後に当時51歳のB・ビニーが112kmに到達し、コンテストに勝利。SC社は賞金を手にした。

これに目を付けたのが、英国の航空会社ヴァージン・アトランティック社である。SC社との共同企

夢の実現まであと一歩

業としてVG社が設立され、6人乗り往還機スペースシップ2のテストが順調に進んでいる。10年には、米ニューメキシコ州南部の砂漠地帯に、長さ約3kmの滑走路が、翌年にはターミナルビルが完成し宇宙空港が誕生した。私はニューメキシコ工科大学で研究していた85年、軽飛行機の航空機操縦ライセンスを取得した。初の単独飛行の時、砂漠の無人飛行場に着陸し、記念にトイレで用を足したことがある。その近くに宇宙空港が建設されたことは感無量だった。

この州にはこれといった産業がなく、慢性的な貧しさから脱出するため、さまざまなハイテク研究機関を誘致してきた。宇宙空港の建設費は、近接する二つの郡が住民投票を実施し、消費税を0.25%上げてひねり出した。連邦政府に頼らない地元の意気込み。独力で往還機を完成させたベンチャー企業。高度100kmに挑戦した還暦す

宇宙弾道飛行を行うスペースシップ2（中央）を取り付けた双胴の母機ホワイト2
（ヴァージン・ギャラクティック社提供）

ぎのパイロット。まさに、往年の米国の良き開拓精神を見る思いだ。

VG社は1人20万ドル

VG社の飛行計画では、高空で母機ホワイト2から切り離された宇宙船がロケット噴射でほぼ垂直に上昇。約6分間、無重力状態が続いた後、今度は地上へ向かってほとんど垂直に降りる。上昇、下降時は1G以上の重力がかかるので、乗客は席に押しつけられたようになるはずだ。飛行料金は1人20万ドルにもかかわらず、すでに400人が予約金を払っているという。VG社の日本代理店はクラブツーリズム。一方、ロシアのエネルギア社が開発を進める往還機で宇宙旅行を計画している米スペースアドベンチャーズ社の代理店はJTB。両社はそれぞれ、高度110km、往復2時間の宇宙旅行を目指しキャンペーンを展開している。

スペースシップ2を搭載した母機のお披露目式典で、当時のシュワルツェネッガー・カリフォルニア州知事が「宇宙旅行の最初の乗客として私を招待してほしい」と述べたところ、宇宙空港があるニューメキシコ州知事が「こちらが先だ」とさえぎり、拍手が沸き起こった。最初の乗客はいつ現れるのだろう。VG社の宇宙飛行が商業飛行である以上、米連邦航空局の安全試験に合格しなければならない。米国では、テストパイロットの飛行は自己責任が原則で、墜落による地上への被害が心配ない限り自由に飛行できるが、いったん商業飛行となると規制がすこぶる厳しく、宇宙旅行計画が遅れる原因となっている。

遠州灘で、航空機の弾道飛行による約20秒間の無重力体験をしたことがある私にとって、VG社の宇宙旅行は、個人的には6分間の無重力体験より、高度100kmからなじみのニューメキシコ砂漠に急降下する方に魅力を感じる。きっと吐くような苦しさだろうが、着地した時の爽快感はたまらないだろう。実現したら、ぜひ参加したいと願っている。ただし、70歳以上の格安シニア早割が条件だ。

Mission《ミッション》 27 スピンアウトの話

燃料電池に断熱、GPS…

　宇宙開発によって誕生した技術や手法を地上の生産や生活に応用することをスピンアウト、またはスピンオフと呼んでいる。米ソで本格的な宇宙開発が始まって約55年。宇宙開発からのスピンアウトを3つに絞るならば、私は「燃料電池」「断熱技術」「衛星利用測位システム（GPS）」を選びたい。

　燃料電池は、月に人を送ったアポロ宇宙船にとって不可欠だった。水素と酸素を反応させて電気を起こすだけでなく、水の製造装置としても使われた。水は飲用だけでなく、機器の冷却にも欠かせない。地球温暖化対策の必要性から燃料電池が脚光を浴び、各国が激しい開発競争を行っているので、自動車や一般家庭に広く普及するのはそう遠くない。

　次は断熱技術。宇宙では太陽光が当たる部分と陰の部分の温度差が約270℃もあるので、いかに断熱するかが技術者の腕の見せどころである。宇宙服には、最先端の断熱技術が使われている。熱は素材どうしの接触と赤外線によって伝わる。そこで、熱が伝わりづらい素材フィルムの表面に赤外線反射膜をコーティングした「多層シート断熱法」が開発された。家庭用冷蔵庫にも使われ、最近の省エネ型は、10年前に比べ使用電力が半分以下と驚異的に進化した。

　GPSは、上空を飛行する4基以上の人工衛星の電波を使って位置を決める方法で、自動車だけではなく携帯電話にも搭載され、目的地探しに使われている。元来、軍事目的で開発された技術。われわれが利用するGPS電波は、米軍の軍事衛星からの電波であり、いつまでも使えるという保証はない。現在は、2010年9月に打ち上げられたわが国最初の測位衛星「みちびき」も、日本とオーストラリアの間の上空を8の字を描いて飛んでいる。日本が独自の測位衛星を保有することで、国際的な交渉力が高まる。政府の宇宙開発戦略本部は、早急に4基体制にすることを決定したところだ。GPSは、宇宙開発のスピンアウトであると同時に、軍事技術のスピンアウトでもあった。

月面上空のアポロ17号の支援船（上部）と円錐状の司令船（下部）。切り離された月着陸船からの撮影＝1972年（NASA提供）

今後の期待は予防医学

今後、最も期待されるスピンアウトは医療分野である。地球の重力下で進化した人間が宇宙に長期間滞在すると、さまざまな異常が進行する。代表格が、骨からカルシウムが抜けて、骨折や尿路結石のリスクが高まることである。地上でも常にわれわれの骨からカルシウムが出入りしているが、通常はバランスが取れているので骨が弱くなることがない。しかし、加齢や女性ホルモンの減少などでバランスが崩れると骨の密度が低くなり、骨折しやすくなる。いわゆる骨《こつ》粗《そ》鬆《しょう》症であり、宇宙ではその進行速度が約10倍に跳ね上がることが知られている。宇宙飛行士の大腿骨《だいたいこつ》の骨量は6カ月の滞在で9%減少し、地上に帰還後は、回復期間を短縮するためにスポーツ選手の骨折後のリハビリに似たトレーニングが必要となる。

ロシアのソユーズカプセルで帰

ISSで、重量挙げ器具を使って筋力トレーニングする若田光一飛行士
＝2009年（NASA提供）

還した飛行士は、着地後、自分で動くことが禁じられている。重病人のように人手を借りて特製椅子《いす》に座らされ、そのまま医学検査所に運ばれる。そこで医師の指示を受け、徐々に立ちあがることが許される。野口聡一飛行士や古川聡飛行士が国際宇宙ステーション（ISS）に長期滞在後、ソユーズで帰還した時はそうだった。ところが、長期滞在を終え09年7月にスペースシャトルで帰還した若田光一飛行士はタラップを軽快に降り、その後の記者会見にも出て関係者を驚かせた。

実は、徳島大学の松本俊夫教授らの日米共同研究チームが、若田さんをはじめ同意が得られた5人の飛行士に骨粗鬆症治療薬「ビスフォスフォネート」を週1回服用してもらっていた。この薬は副作用の心配があるため、飛行士が服用する実験が遅れていた。服用しなかった14人の骨密度が5～7％減ったのに対し、若田飛行士らはほとんど減らず、逆に腰椎《ようつい》の一部が3％増加した。

宇宙で影響が出るのは骨だけではない。宇宙ではふくらはぎの筋肉が毎日約1％ずつ細くなる。地上で2日間寝たきりとなったのと同じペースで、飛行士はこれを防ぐため、毎日2時間のトレーニングを行っている。骨密度の減少を若干減らすことができるが、主な目的は筋肉劣化の防止である。地上帰還後、キビキビした行動を見せた若田さんの映像を見た時、相当無理しているのではないかと心配だったが、治療薬とトレーニングの組み合わせがもたらした医学データが後に発表され、納得したものだ。

11年9月、NASAは30年代に火星への有人飛行を行う計画を発表した。火星まで片道9カ月、火星滞在期間を含めると最低2年間となる宇宙滞在中、健康維持は重要な課題となる。医師でもある向井千秋飛行士の口癖は「宇宙医学は究極の予防医学」だ。ISSは20年まで、あと8年間稼働する。ここからの最大のスピンアウトは、予防医学と超高齢化対策への貢献となるはずだ。

Mission《ミッション》 28 日本人飛行士1期生の話

シャトル爆発 乗り越えて

私が東京工業大学助教授だった1979年、当時の宇宙開発事業団（NASDA）の関係者から「スペースシャトルの半分を借りて、新しい材料製造実験を日本人飛行士の手でしたい。材料の専門家として協力してほしい」と頼まれた。この話を聞いた時、宇宙飛行士にならないかと誘われたような気持ちになり、ぜひ参加したいと答えた。

NASAは日本の実験装置で米国の研究者も実験できるという条件で、スペースラブと呼ばれるシャトルの実験室半分を貸し出した。日本は割り当て分の3分の2で材料実験、残り3分の1で生命科学実験をすることにし、83年に飛行士の募集が行われた。条件の一つに「自然科学系の研究を3年以上経験している人」があった。第1次選考委員を務めた私を悩ませたのは、テレビでおなじみの楠田枝里子さんだった。楠田さんは「不合格だった」と公表しているので応募したことを知っている人もいるだろう。彼女は科学解説者としてたくさんの業績がある。結局、それを自然科学系の研究と判断することはできなかったが、もし楠田さんが選ばれていたらユニークな飛行士として大活躍したかもしれない。

私は84年の夏から1年間、米国ニューメキシコ州の大学に滞在していた。ある日の朝4時ごろ、電話の呼び出し音でたたき起こされた。東京の新聞社からだった。「飛行士候補者7人のひとりを先生が

宇宙開発事業団の入団式にのぞむ（中央左から）土井隆雄さん、内藤（現・向井）千秋さん、毛利衛さん＝1985年（JAXA提供）

かくまっていることを突き止めた。話を聞きたい」。そう聞く記者に何度も知らないと答えたが、なかなかあきらめてくれなかった。実際、私は候補者が7人に絞られたことすら知らなかった。翌週、それがスクープされたのだが、彼が探していたのは、NASAの研究員として米国に滞在していた土井隆雄さんのことだったと後で分かった。

85年末には、7人から絞り込まれた毛利衛さん、内藤千秋さん、土井隆雄さんの訓練が国内で始まった。しかし、翌年にスペースシャトル・チャレンジャー号の爆発事故が発生。シャトル打ち上げは当面中止となったが、記者会見で「事故によってシャトルの弱点が改良され、安全性が高まることを信じている。私たちは決してあきらめない」と話す3人をテレビで見て安心した。しばらくして、NASDAから、国内で3人の訓練を続けるので、週1回3時間程度の宇宙実験ゼミの講師を担当するよう依頼があり、引き受けた。

一番乗り目指して火花

化学、医学、物理学という別々の世界で活躍してきた3人の候補者と、英語で宇宙実験について議論できたことは私にとっても良い勉強になった。毛利さんと内藤さんは、一番乗りを目指して火花を散らしていた。競ってゼミの予習をするので、講師役の私はいつもたじたじだった。一方、土井さん

2回目のスペースシャトル飛行中の毛利飛行士＝2000年（NASA提供）

は博士号取得から日が浅く、大学院生の雰囲気が残っていた。時々居眠りする姿に、大器晩成という言葉が頭に浮かんだものだ。

シャトル打ち上げ再開が決まって、87年4月から3人は米国に留学することになり、ゼミを終えることになった。最後のゼミの後で、内藤さんから「明日入籍します」と突然に知らされ、しばらく言葉が出なかった。毛利さんも「僕らが知ったのは2日前ですよ」と驚いていた。千秋さんは慶応義塾大学医学部の先輩だった向井万起男さんと結婚し、向井姓になった。万起男さんは、千秋さんの宇宙飛行後の95年に『君について行こう　女房は宇宙をめざした』（講談社）を出版して大評判となった。内容があまりに面白く、万起男さんに「編集者が相当手を入れたのか」と聞いたところ「手直しは一切お断りしました」と答えが返ってきた。才能にあふれた夫婦なのだ。

大器晩成の土井さんは、後輩の若田光一さんに続いて97年に宇宙へ飛び、船外で人工衛星を腕力でキャッチする荒業《あらわざ》をやってのけた。2008年には国際宇宙ステーションにJAXAの船内保管庫を取り付け、その後、国連の宇宙応用課長に採用されてオーストリア・ウィーンで働いている。

92年に日本人で初めてスペースシャトルで飛行した毛利衛さんは、34件の宇宙実験を見事成し遂げた。毛利さんのこの時の資格は搭乗科学者であり、搭乗運用技術者（MS）としての活動はできなかった。そこで、5年後に17歳年下の野口聡一さんとNASAの飛行士養成コースに入り、厳しい訓練の末にMS資格を得た。米ヒューストンの毛利さんの家に泊めてもらったことがある。その日の夜、出張から帰宅した彼は軽い食事を済ませ、自宅の運動室で1時間もトレーニングをしていた。若い飛行士と張り合って努力する姿に頭が下がる思いであった。毛利さんは2000年の第2回飛行後、東京の日本科学未来館の館長に就任し、宇宙での経験を生かして科学の楽しさを広く発信している。

Mission《ミッション》 29 向井千秋さんの話

究極の予防医学に挑む

向井千秋さんは、日本人初の女性宇宙飛行士としてスペースシャトルに2度搭乗したことで知られ、宇宙飛行士を目指す女性にとってはあこがれの人だ。2012年5月に還暦を迎えるが、まだまだ元気いっぱい、現役の宇宙飛行士だ。1986年に向井さんと一緒に飛行士候補となった毛利衛さんと土井隆雄さんは、既に飛行士の経験を生かした別の仕事に就いている。

飛行士資格を維持するには、年1度の医学検査の受診と英語力維持トレーニングが条件だ。彼女の口癖は「60歳になったら引退して、リュックサックを担いで世界を放浪したい」。だが、宇宙医学の研究者としても重鎮となった彼女の引退は、周囲が許さない。

彼女には逸話がたくさんある。慶應義塾大学医学部の学生時代はスキー選手として活躍した。酒がめっぽう強く、スキー部の合宿でも医局でも、同僚が1人、2人とつぶれ始めてもケロリとしていたらしい。81年に俳優の故石原裕次郎さんが慶應義塾大学病院の心臓外科に入院した時には、医療チームの一員として参加した。豪快に笑い、白衣の裾《すそ》をたなびかせてさっそうと歩く姿に、裕次郎さんから「カンフー姉ちゃん」とあだ名を付けられたそうだ。

06年秋、フランス・ストラスブールにある国際宇宙大学の客員教授を務めていた向井さんと、スペイン人初の宇宙飛行士ペドロ・デュークさんをマドリードに訪ねたことがある。欧州宇宙機関（ESA）の構成員として国際宇宙ステーション（ISS）計画に参加するスペインが、自国の宇宙実験を管制するため、マドリード工科大学に宇宙研究センターを建設していると聞き、ぜひ見たいと思ったからだ。

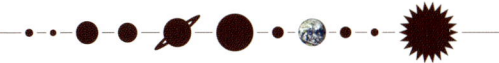

ESA加盟国11カ国が出資して建設した欧州の宇宙実験棟「コロンバス」は、日本の実験棟「きぼう」同様、ISSに取り付けられている。ESA加盟国は出資割合に応じて利用する権利を持つ。スペインはプライドの高い国である。たとえ小さな利用権でも、地上からの実験管制は自国で行うと決め、地上施設を建設したのだ。

そのセンター長のデュークさんは、98年に向井さんとシャトルで一緒に飛行した流体物理学の専門

スペースシャトルの宇宙実験室に入る向井千秋飛行士＝1994年（NASA提供）

Mission 29 向井千秋さんの話

究極の予防医学に挑む

1998年飛行のスペースシャトルに搭乗した向井（中段左）とペドロ・デューク両飛行士（下段左）（NASA提供）

家である。向井さんに「デュークさんを紹介してほしい」とメールを送り、彼女がデュークさんに訪問希望日を伝えたところ「休暇中だが、チアキのためなら」と私と会うことを快諾《かいだく》してくれたという。デュークさんが搭乗したシャトルは、彼と向井さん以外すべて米国人搭乗員だった。デュークさんにとって、9歳年上で飛行2回目の向井さんは頼りになる先輩だったに違いない。向井さんも、彼をいつも「マイ・ヤング・ブラザー（私の弟）」と呼んで気を配っていた。

都心に近いマドリード工科大学で合流後、建設中の宇宙研究センターへ移動した。半分が宇宙実験所、半分が流体力学実験所のこぢんまりした建物がほぼ完成しており、外では、十数人の作業員が門や庭の工事をしていた。彼らは一斉に「ペドロが来た」と手を止め、紙を持って一列に並び始めた。現場監督も一緒に並んでいる。デュークさんは、一人一人に丁寧にサインした。工事は一時中断したが、その様子にスペイン人のおおらかさを感じた。

内装が終わっていないセンターの一室で、スペインの宇宙実験計画の説明を聞き、配線工事中の管制室を見せてもらった。帰路、レストランで食事をした。「宇宙飛行から6年もたっているのに、ペドロさんは大変な人気ですね」。私がそう聞くと、デュークさんは「バレンシア地方の行事に出席した時は、夜中にホテル前に大勢が集まり、ペドロ、ペドロの大合唱で、何度も窓から手を振って大変だった」と答えた。「チアキも日本では一人で歩けないほど、大変なのだろうね」と続けたのに対し、向井さんは「私は派手なことが嫌いで、なるべく目立たないよう毎日を過ごしている。このごろは、どこへ行っても、ほとんどの人が私と気付かないのよ」と答え、彼は感心していた。

政府の宇宙戦略にも助言

現在の向井さんは、JAXAの宇宙医学生物学研究室長を経て11年から特任参与を務め、研究と人材育成に精力を注いでいる。彼女は常々「宇宙医学は究極の予防医学である。だから宇宙医学はみんなのものだ」と話す。宇宙に長期滞在する飛行士は、病気になっても容易に治療できない。だから、病気にならないよう徹底した予防策を講じる必要があり、それは地上の予防医学にも役立つのだという。

燃える研究者でもある向井さんは、政府の宇宙開発戦略本部に助言する宇宙開発戦略専門調査会の委員でもある。政治的な駆け引きが繰り広げられる調査会で宇宙医学の重要性を強く主張し、簡単には妥協しない彼女の存在感は大きく、会議が予定時刻に終わることは少ないという。頑張れ、向井さん。

Mission《ミッション》 30 ママさん飛行士の話

存在感示した山崎さん

山崎直子（旧姓・角野）さんは、スペースシャトルに搭乗した最後の日本人である。2010年、国際宇宙ステーション（ISS）への物資移送主任としてロボットアームを見事に操作し、日本人女性飛行士の存在感を十分示した。当時、ISSには野口聡一飛行士が長期滞在中で、ドッキング後さまざまな共同作業を実施。短期間とはいえ、日本人飛行士2人が同時に滞在する記録をつくった。作業の合間に着物姿で手巻きずしを握るなどユニークなイベントもこなし、15日後に帰還した。

直子さんは1999年、星出彰彦さん、古川聡さんとともに宇宙飛行士に選ばれた。翌年、山崎大地さんと結婚し、02年に長女を出産。ママさん飛行士として注目された。順調に訓練が進んでいた03年2月にスペースシャトル・コロンビア号の空中分解事故が起こり、シャトル搭乗を前提とした訓練計画の変更を迫られた。JAXAはロシアの宇宙船「ソユーズ」によるISSへの飛行を想定し、急きょ3人にソユーズの搭乗員資格を取らせることにした。

当時、大地さんは宇宙関連企業の社員として、日本の宇宙実験室「きぼう」の組み立て手順書を作る仕事をしており、忙しい毎日。直子さんがロシアに渡って計7カ月間の訓練に入ると、残された大地さんは仕事の上に育児と両親の介護が重なり、心身ともに疲れがたまっていった。ロシアから帰国した直子さんは、すぐに米国での長

ISSの米国実験棟で作業をする山崎直子飛行士＝2010年（NASA提供）

期訓練に突入してしまう。大地さんは悩んだ末に「主夫になる」と仕事を辞め、娘を連れてNASAの訓練施設がある米ヒューストンに移住した。

しかし、大地さんは直子さんの配偶者。外交官扱いの直子さんとは違い、就労許可や米国の住民番号をなかなか得られず、成人市民として活動できなかった。精神的に一層追い詰められ離婚まで考えるようになったと、自らの著書『宇宙主夫日記』（小学館）で述べている。直子さんも、著書『なんとかなるさ！』（サンマーク出版）によると、厳しい訓練に明け暮れ、大地さんを思いやる余裕がまったくなかったようだ。

存在感示した山崎さん

好転したのは08年11月。直子さんのシャトル搭乗が決まり、NASAが家族を全面的にサポートするようになった。この直前、私はJAXA筑波宇宙センターで直子さんと話をする機会があった。少しやつれた様子だったが、娘を抱え、ひた向きに頑張る姿に感動を覚えた。直子さんは、働く日本人女性の象徴でもあった。

直子さんは東京大学大学院で修士号を取得し、旧宇宙開発事業団（NASDA）に入ったバリバリのエンジニアである。NASDAでは、大型遠心実験室の開発チームに配属された後、飛行士に応募した。この実験室は、元来NASAが製造する予定だったが、技術的に難しく、予定が大幅に遅れていた。それを、日本の「きぼう」をシャトルで打ち上げる代わりに、NASDAが造ることになったのだ。

日本の実験棟「きぼう」内で活動する山崎（左）と野口聡一両飛行士（NASA提供）

直径4.5m、長さ9mの円筒型実験室の心臓部は直径2.5mの回転装置で、これに4個の生物飼育箱を組み込める。試料台を回転させることで、無重力空間で100分の1Gから2Gまでの重力を連続して変化させられる画期的な装置である。宇宙はほとんど0Gの無重力。地上では回転装置を使って1G以上にできるが、中間の状態をつくりだす方法はこれしかなく、世界中の生物学者から期待を集めていた。大きな物体が回転すると周辺の無重力が乱れるので、絶対にノイズが出ない完璧な装置をつくる必要があった。これに挑戦したのが、NASDAと三菱重工をはじめとする日本企業チームであった。開発に関わった山崎さんは、自分の手で実験室をISSに取り付けたかったはずだ。しかし、もう少しで完成という時、NASAはISSの建設経費が予定をオーバーしたことを理由に実験室の開発計画をキャンセルし、関係者を落胆させた。

NASAの都合なので「きぼう」は無償で打ち上げられることになったが、山崎さんは、自分の飛行する機会はなくなったと感じていたに違いない。飛行士候補に選ばれて以来、飛行まで10年以上かかった。ひょっとしたら、と思っていた私も、シャトル搭乗が実現した時は心からほっとした。

現役復帰　遠慮いらない

ISSには野口さんに続き、古川さん、星出さん、それから若田光一さんが長期滞在することが内定し、新しい3人の飛行士候補者の訓練も始まっていた。直子さんの次の飛行まで、5年以上かかると考えても不思議はない。そのためか、彼女は飛行報告を終えた10年11月に第一線から離れ、母校の非常勤研究員として活動を始め、翌年には宇宙飛行士を引退して次女を出産した。NASAでもたくさんのママさん飛行士が活躍している。遠慮なく復帰し、日本人女性として初の宇宙長期滞在をしてもらいたいものだ。著書のタイトルにもなった「何とかなるさ」の精神で、男たちの常識を打ち破ってほしい。

ミッション
Mission 31 古川聡宇宙飛行士の話

12年待ち 夢の長期滞在

宇宙飛行士の古川聡さんは、国際宇宙ステーション（ISS）に167日間滞在し、2011年11月に帰還した。ISSでは一組3人のチームが3カ月の時間差で半年ごとに交代するので、通常は6人が滞在している。直前に起こったロシアの物資輸送船「プログレス」の打ち上げ失敗が影響し、古川さんの帰還予定は遅れた。飛行士の多くは一日でも長い宇宙滞在を願っており、野口聡一さんの記録163日間を超えたのは喜ばしかったのではないか。

古川さんは、日本人飛行士の中では候補選抜から飛行まで12年間と、最も長く待った。彼は、いつも笑顔を絶やさない温和な人柄で誰からも好かれている。小学生のころ、ウルトラセブンの大ファンになり、宇宙へのあこがれが募るきっかけとなった。医師の叔父を見習って医学を志したが、宇宙飛行士募集を知ってすぐに応募した。1999年選抜組の同期である星出彰彦さんと山崎直子さんが先に宇宙へ飛んでも、古川さんにはチャンスがなかなか巡ってこなかった。彼の口癖は「あきらめない」と「継続は力なり」だ。長く待ち続けた結果、いきなり6カ月間の長期滞在が実現した。うれしくないわけがない。

しかし、長期滞在には放射線被《ひ》曝《ばく》という不安がある。地球にも宇宙放射線が降り注いでいるが、空気の層で大部分が吸収される。地上には、空気に含まれる微量のラドンや大地から出る自然放射線が存在する。国連科学委員会の報告によると、世界平均で年間2.4ミリシーベルト、日本では1.4ミリシーベルトの被曝は避けられない。これが、空気のない宇宙を周回するISSになると1日0.5〜1ミリシーベルトに跳ね上がる。宇宙では、たった2日間で地上の約1年分の放射線を浴びることになる。

　宇宙飛行士は、こうした放射線被曝のリスクについて納得したうえで任務に就く。NASAは40歳以上で初飛行する男性飛行士が生涯に浴びる放射線の最大値を1200ミリシーベルトと定めた。しかし、この数値の科学的根拠は十分でなく、今後の研究課題とされている。宇宙で生涯許容量の10分の1を被曝して帰還した古川さんには、医

ISSのロシア居住区で食事をとる飛行士たち。（左から）古川聡さん、ロシアのS・ボルコフさん、米国のM・フォッサムさん（NASA提供）

12年待ち夢の長期滞在

クスタナイ空港での帰還セレモニー。中央前列の3人が長期滞在した飛行士。右が古川聡さん（JAXA/NASA/Bill Ingalls提供）

師として放射線被曝の影響をいつか語ってほしいと思う。

「きぼう」初CMに出演

古川さんは宇宙に長期滞在した日本人初の医師である。彼が自分の体に感じた変化にも耳を傾けたい。「宇宙で感じる尿意は地上でのそれと少し違います。あと1時間ぐらいは大丈夫かな、というような感覚はなく、突然尿意を感じた時はかなり満杯です」。地球への帰還当日、気分は最高だったが、体はまるで軟体動物のようだったという。

「身体の重心がどこだか全く分からず、立っていられない、歩けない。平衡感覚が狂い、下を見ると頭がくらくらして気分が悪い。歩くつもりで足を出すが、太ももが思っているほど上がらず、つまずく。帰還後もとにかく体、特に頭が重い。首の筋肉を使って頭を支えている感覚が強い。寝ていても座っていても、おしりなど体の重みがかかる部分がとても痛い。なんとかしてって感じ」

紙、鉛筆、手帳、携帯電話などの重さが、宇宙へ行く前の2倍くらいに感じたという。「ベッドに寝て上を見上げていると、天井にある物を取りに行くには、ベッドのここをこのくらい押せばうまく飛んでいける、などと考えている自分がいた」。帰還2日目になっても体は重く、やわらかい椅子《いす》に5分間座っていただけで尻が痛くなった。宇宙では消えた顔のしわが戻ったことを鏡で確認もした。帰還3日目には尻の痛みは続くものの、座っていられる時間が伸びた。やっとお湯のたまった風呂に入った感想は「最高！連日のリハビリの疲れが和らぐ」だった。一般人には何とも想像し難いが、貴重な経験談には大きな説得力がある。

ところで、帰還2週間前から連日、古川さんが出演するソフトバンクのテレビCMが放映された。「どうして宇宙飛行士になりたかったのですか」との質問に「ウルトラセブンになりたかったから」と笑顔で答える。次々と違うシーンが放映され、多くの人が不思議に思ったようだ。古川さんへの出演料は良かったのだろうか。彼はツイッターでこう答えている。「ソフトバンクのCM出演は大変光栄ですが、私は一銭もお金を受け取っていません。ソフトバンクがISSの日本実験棟きぼうを有償で利用するためJAXAに支払ったお金は、宇宙開発のために使われます」と。

ソフトバンクのCMは「きぼう」で初めて制作された作品だった。NASAはISSの商業利用を禁じているが、ロシアの管轄《かんかつ》区域になると制限がなく、大塚製薬のテレビCMもそこで制作された。ロシア人飛行士が出演したが、反響は古川さんほどではなかった。飛行士のCM出演が今後どうなるかも気になるところである。

ミッション Mission 32 飛行士の資質の話

ISS船長を目指して

1992年9月12日、宇宙飛行士毛利衛さんを乗せたスペースシャトル・エンデバー号が予定時刻の10時23分（米国東部時間）きっちりに打ち上げられた。当時は打ち上げの延期が多く、予定通りというのは珍しかった。以降、日本では9月12日を「宇宙の日」とし、さまざまな行事が開かれている。

毛利さんが飛んだその日、私は米フロリダ州にあるNASAケネディ宇宙センターで打ち上げを見守った。私がいた報道席から発射台まで約5㎞。閃光《せんこう》とともに機体が浮き上がり、バリバリと驚くほどの振動音とともに、エンデバー号は紺碧《こんぺき》の空に吸い込まれていった。

以来、8人の日本人飛行士が宇宙飛行を経験した。飛行士候補に選ばれてから飛行までの最短期間は、若田光一さんの3年9カ月。他の7人は毛利さんの7年1カ月から古川聡さんの12年4カ月までさまざまである。この間、飛行士は訓練の日々が続く。搭乗が決まる2年前までは誰が飛行できるのか分からないまま、ベストコンディションを維持しなければならない。ほとんどの飛行士にとって不安な時間である。

飛行士にとって最も必要な資質は、焦らず待つことに耐える力である。特に86年のチャレンジャー号爆発事故、2003年のコロンビア号空中分解事故の時は、飛行再開が危ぶまれるほど先が見えない状態となった。通常、日本人飛行士は米テキサス州ヒューストンのジ

2004年のJAXA宇宙飛行士。前列左より向井千秋、山崎直子、後列左より野口聡一、古川聡、星出彰彦、若田光一、毛利衛、土井隆雄さん（JAXA提供）

ョンソン宇宙センターでNASA飛行士と一緒に訓練を受ける。コロンビア号事故の時は、互いに励ましあって連帯感を深めながら耐えることができた。しかし、通常はライバル同士であり、少ない飛行チャンスをめぐって厳しい競争が繰り広げられている。飛行士は国を代表する外交官でもある。どこへ行っても誰かに見られており、日々のストレスは大変なものだ。

シャトルに誰が乗るかを決定する権利はNASAが持っているので、JAXAの希望通りにならないことがあった。若田さんが優秀なことは誰もが認めるところだったが、それだけでは4年以内に搭乗のチャンスはやってこない。運が良かったのもあるが、飛行士仲間の多くから「彼と一緒に飛びたい」と推薦があったからだと私は思う。彼は人が嫌がる仕事を率先してやったし、訓練の時は早く到着して何かと気を配り、他の飛行士が帰った後は後片付けの手伝いをしたと聞いた。

国際宇宙ステーション（ISS）での長期滞在においても、率先してトイレ掃除をしたという。目立たず、自然に振る舞う彼の姿にNASAの首脳部は自国の飛行士にない新鮮さを感じたに違いない。若田さんは、飛行士の相談相手役でもある宇宙飛行士室ISS運用ブランチチーフを1年間務めた後、13年の宇宙長期滞在の船長に指名された。ISSの活用を推進するJAXAの「きぼう利用推進委員会」の委員でもある。東京で年に数回の委員会が開かれ、彼はヒューストンからテレビ会議で参加する。彼は議論をしっかり聞き、自分の意見を短い言葉で的確に発言する。実に分かりやすい。

部下を指導、責任負い支援

ISSで、日本は毎年1人分の枠を持っている。少しでも多くの日本人船長を誕生させたい。そんな関係者の熱い思いを背景に、08年に10年ぶりの飛行士募集が行われた。飛行士の月給は大卒35歳で約36万円。任務の重大さの割には驚くほど安い。それでも、963人が職を投げ打つ覚悟で応募した。10人に絞られた最終候補者は、外界と行き来できないタンクの中で、7日間共同生活しながら課題に取り組んだ。その様子を観察し適応性が調べられた。船長に求められる資質として、リーダーシップとフォロワーシップが徹底的に試された。

フォロワーシップとは、いったん決まった方針には、たとえ反対でも全力で従う能力のことである。ISSで事故が発生した場合、船長は部下の意見に耳を傾け、最適だと判断した場合はその部下を全面的にサポートし、責任のみを負う決断力が求められる。若田さんには、その素質が十分にあった。最終候補者たちは、誰が選ばれてもおかしくないほど優れた人材ばかりだった。リーダーシップ、フォロワーシップの観点から、まず、航空自衛隊の油井亀美也さんと全日空副操縦士大西卓哉さんが、少し後に海上自衛隊医師の金井宣茂さんが補欠で選ばれた。彼らは普段からISS船長に必要な訓練を知らぬ間に受けていたのだろう。

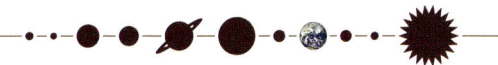

宇宙開発を平和利用に限る日本では、暗黙の了解で自衛隊関係者を飛行士候補の対象から外していたが、宇宙利用を国際社会の平和・安全の確保や、国の安全保障にも役立てる宇宙基本法（08年度成立）で風向きが変わり、自衛隊から2人が選ばれたと私は考える。3人はNASAで訓練を受け、11年3月にISS搭乗員の資格を得た。13年までは日本人飛行士の長期滞在枠がいっぱいだ。その後の椅子《いす》をめぐって、先輩飛行士と厳しいレースに突入した。その中で、若田さんのような船長を務める人材も出てくるはずだ。

航空機を使った無重力体験訓練中の飛行士候補者。（左から）大西卓哉さん、金井宣茂さん、油井亀美也さん＝2010年（JAXA/NASA提供）

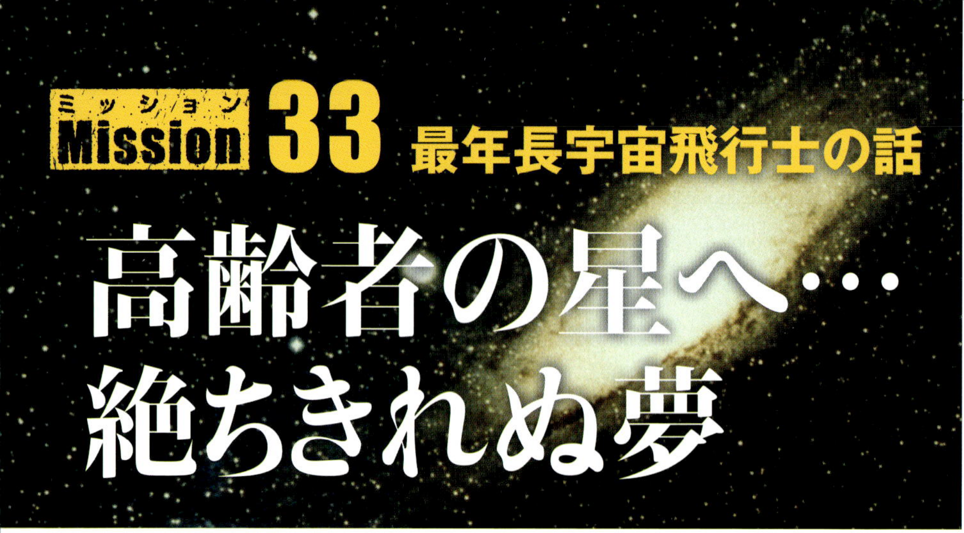

Mission《ミッション》 33 最年長宇宙飛行士の話

高齢者の星へ…絶ちきれぬ夢

日本人の最年長宇宙飛行記録は、土井隆雄さんが持つ。2008年に53歳6カ月でスペースシャトルに搭乗し、国際宇宙ステーション（ISS）に日本の宇宙実験棟「きぼう」の船内保管室を取り付けた。その2年前、JAXA理事長が記者との懇談会で「宇宙飛行士の定年は50歳程度だ」と発言し、報道された。

これを知った毛利衛さんは、第1期生の飛行士仲間の土井さんや向井千秋さんと連名で「宇宙飛行士の引退時期は体力的、精神的に任務を遂行できるかどうかで判断すべきで、単純に年齢で決めるべきではない」と抗議した。中でも、土井さんはNASAのジョンソン宇宙センターで訓練の真っ最中だった。相当ショックを受けたに違いないが、理事長の発言は極めて常識的で、非難されるものでもなかったように思う。多額の国費を投入して建造した「きぼう」の取り付けには、とにかく体力が必要だったからだ。結局、日本人初の宇宙遊泳など経験豊かな土井さんは見事に任務を果たし“中年の星”となった。

世界最年長の宇宙飛行経験者は、1998年、77歳でシャトルに搭乗した米国人J・グレンさんだ。第2次世界大戦終結時は海軍大尉でテストパイロットだった。57年、超音速機によるアメリカ大陸横断飛行に成功。62年には、1人乗り宇宙船「フレンドシップ7」で米国人としては初めて地球の周回軌道を飛び、一躍英雄となった。その後、NASA

を辞め実業家に転身。74年から25年間、オハイオ州選出の民主党上院議員も務めた。清廉《せいれん》潔白な人格者で、大統領のいる部屋へ入る時、迎える大統領が敬意を表して起立する唯一の人物としても知られていた。

彼は、一線から退いた後もずっと宇宙への夢を断ち切れず、何とかスペースシャトルに乗りたいと古巣のNASAに働きかけたが、答えはいつも「ノー」だった。そこで「無重力の宇宙では、地上の10倍もの速さで骨《こつ》粗《そ》鬆《しょう》症が進む。高齢者の骨粗鬆症研究に私の体を役立てるため、宇宙に行かせてほしい」と、当時のW・クリントン大統領に手紙を書き、ついに98年の

スペースシャトルの与圧服を着る土井隆雄飛行士
＝2008年（NASA提供）

Mission 33 最年長宇宙飛行士の話

高齢者の星へ… 絶ちきれぬ夢

世界最年長の宇宙飛行士J・グレンさん（左）と著者＝1998年

飛行が実現したのだった。この時は医師でもある向井さんが同乗し、2回目の飛行でもあったことから、グレンさんへの細かな気配りを期待されていた。

グレンさんの飛行資格は搭乗科学技術者（PS）であり、搭乗運用技術者（MS）に比べて訓練期間は短いものの、飛行士を退役して30年が過ぎ、75歳を超えた体にはこたえたに違いない。後日、東京で開かれた飛行報告会でのパーティーで、彼と話をした。鋭い眼光に最初は圧倒されたが、心の温かい気配りの人だった。「私も宇宙へ行きたい」と言うと「あきらめず努力してください。グッドラック！」と、強く手を握って励ましてくれた。その瞬間、あきらめかけていた宇宙への夢が再び目を覚まし、17年を過ぎた今も続いている。私は73歳。いっそのこと、グレンさん

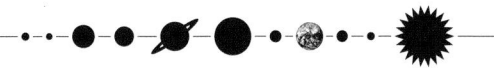

の記録を1日でも上回り、世界最年長の飛行士になりたい。

宇宙トイレの改良したい

かつて私は、1年間の米国滞在中に軽飛行機の操縦免許を取ったが、それさえ大変だった。帰国時期が迫り「宇宙飛行士になりたいのなら飛行機の操縦免許だって必要でしょう。ラストチャンスよ」と妻に尻をたたかれ、勤務前の早朝訓練でやっと単独飛行が許されたが、風向きが刻々と変わるニューメキシコ州サンタフェの飛行場では管制官のなまった英語が分からず、指示と異なる滑走路に進入して大目玉を食らった。

何とか帰国前日にお情けで免許をもらい、嫌がる妻と子ども2人を飛行機に乗せて自宅の上を旋回したが、着陸まで誰も声を発しなかった。こんな私でも宇宙飛行できないかと、虫の良いことを考えているのだ。正規の選考試験に合格するはずはなく、たとえ裏から手を回して飛行士になれても、すぐに化けの皮がはがれるだろう。

私は過去10年近く、ひそかに宇宙トイレを調査し、いろいろな研究会に参加している。宇宙では排《はい》泄《せつ》物を空気の流れで強制的に吸引するから、宇宙トイレの騒音はすごい。吸引された便から水分を分離し再利用するが、仕組みが複雑なためよく故障し、トイレ修理が飛行士の重要な仕事になっている。

もっと単純で快適な宇宙トイレができたなら、飛行士の負担を減らせるだけでなく、地上の高齢者用トイレにも応用できるはずだ。誰もが、いつかはおむつを着ける時が来ると覚悟しているが、少しでも遅らせたいものだ。寝たきり一歩手前の高齢者でも一人で快適に使えるトイレを開発するには、宇宙トイレの改良が大きなヒントになるだろう。トイレ先進国、日本の仕事だ。目指すは、宇宙トイレの試験のために世界最年長の飛行士、すなわち私が宇宙へ行くこと。可能性はゼロではない。グレンさんに続き、“高齢者の星”として輝きたいと、夢をふくらませている。

宇宙開発年表

年 代	日 本	世 界
1955	・東京大学の糸川英夫博士ら、ペンシルロケットの公開実験を実施	
1957		・ソ連が初の人工衛星スプートニクを打ち上げる
1958	・東大、国際宇宙観測年の高層物理観測に成功	・米国が人工衛星を打ち上げる ・米国が中型のデルタロケットを打ち上げる
1961	・東大が鹿児島宇宙空間観測所を開設	・ソ連が初の有人飛行に成功 ・ケネディ米大統領がアポロ計画を宣言 ・米国が15分間の有人弾道飛行に成功
1964	・東大宇宙航空研究所発足 ・「ラムダ3型」ロケットの打ち上げに成功	
1967		・米国が大型のサターンVロケットを打ち上げ
1969	・宇宙開発事業団（NASDA）発足	・米国がアポロ11号で人類初の月面着陸を成功させる
1970	・日本初の人工衛星「おおすみ」の打ち上げに成功	・中国も日本に2カ月遅れて人工衛星を打ち上げる ・米宇宙船「アポロ13号」が奇跡の生還
1975	・N1ロケット打ち上げ	・欧州宇宙機関（ESA）発足
1976		・NASAの火星探査機が着地成功
1981	・文部省宇宙科学研究所発足 ・N2ロケット打ち上げ	・米国のスペースシャトル・コロンビア号が初飛行
1984		・レーガン米大統領、宇宙基地計画推進を発表
1985	・日本人初の宇宙飛行士候補者3人が決定 ・宇宙科学研究所がハレー彗星探査機を打ち上げ	
1986	・H-2ロケット初号機打ち上げ	・スペースシャトル・チャレンジャー号の爆発事故
1988	・国際宇宙ステーション（ISS）計画への参加を正式決定	
1990	・秋山豊寛さんがソ連のソユーズで飛行	
1992	・毛利衛さんがスペースシャトルで飛行	
1994	・向井千秋さんがシャトルで飛行 ・H2ロケット打ち上げ	
1996	・若田光一さんがシャトルで飛行	

年 代	日 本	世 界
1997	• 土井隆雄さんがシャトルで飛行し、日本人初の船外活動 • 宇宙科学研究所がM-Vロケットを打ち上げ	
1998	• 向井さんが2度目のシャトル飛行	
2000	• 毛利さんが2度目のシャトル飛行 • 若田さんが2度目のシャトル飛行	
2001	• H2Aロケット打ち上げ	
2003	• 宇宙航空3機関が統合しJAXA発足	• スペースシャトル・コロンビア号空中分解事故 • 中国が有人宇宙飛行に成功
2004		• 米国が有人月探査計画（コンステレーション）を発表 • 米国、スケールド・コンポジット社が有人で100㎞に到達
2005	• 野口聡一さんがシャトルで飛行	
2007	• 月探査衛星「かぐや」打ち上げ	• 中国が月探査衛星打ち上げ
2008	• 土井さんがシャトルで飛行し、ISSへ「きぼう」の部品を取り付ける • 星出彰彦さんがシャトルで飛行し、ISSへ「きぼう」の部品を取り付ける	• インドが月探査衛星打ち上げ
2009	• 若田さんがISSに長期滞在 • 「きぼう」が完成 • ISSへの物資補給船「こうのとり」打ち上げ • 野口さんがISSに長期滞在 • 油井亀美也さん、大西卓哉さん、金井宣茂さんが宇宙飛行士候補に	
2010	• 山崎直子さんがシャトルで飛行 • 小惑星探査機「はやぶさ」奇跡の生還	• 米国、コンステレーション計画中止の発表 • 民間のスペースX社がファルコン9ロケットの打ち上げに成功 • 民間のヴァージン・ギャラクティック社が米国内に世界初の宇宙空港を建設
2011	• 古川聡さんがISSに長期滞在 • 宇宙ヨット「イカロス」の飛行実験が成功	• 国際宇宙ステーション完成 • スペースシャトル引退 • 中国が無人宇宙船と無人宇宙実験室のドッキング実験に成功
2012	• 星出さんがISSに長期滞在（予定）	
2013	• 若田さんがISS船長を務める（予定）	
2014	• 「はやぶさ2」打ち上げ（予定）	

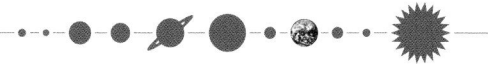

おわりに

　2009年の春、中日新聞文化部から、朝刊文化面に毎月1回、宇宙開発をテーマにエッセーを書かないかとお誘いがありました。常々、長く携わってきた宇宙開発のあれこれを広く、分かりやすく伝えたいと考えていた私は、喜んでお引き受けしました。

　それから約3年間、次から次へ入ってくる宇宙のニュースと、私の体験をもとに原稿を書き続けました。宇宙航空研究開発機構（JAXA）の一員でもある私は、日本の宇宙開発プロジェクトの内幕を知ることができる立場にあります。もちろん守秘義務があり、書きたくても書けないことが、実はたくさんありました。その一例をここで紹介しましょう。2〜3年後に打ち上げが予定されている「はやぶさ2」の目玉である、金属円盤の打ち込み装置の開発です。

　計画では、はやぶさ2は目的の小惑星上空で円盤発射装置を載せた子衛星を本体から切り離し、数百m上空から銅製円盤を秒速2㎞で小惑星の表面に衝突させて、すり鉢状のクレーターをつくります。その後、本体がクレーターの底にタッチして鉱物を採取します。高性能爆薬によって円盤を加速する様子はコンピューターシミュレーションによって確かめられていました。しかし、実際の経験はなく、円盤がバラバラに飛び散ることが心配されました。

　爆薬で円盤を100m飛ばすことができる試験場として白羽の矢が立ったのが、岐阜県飛騨市の神岡鉱山でした。近くには、宇宙からやってくる素粒子を観測する岐阜県飛騨市のスーパーカミオカンデがあります。JAXAはここで、2011年夏にはやぶさ2の実寸大の発射装置を試験しました。

　かつて、米国で同様の実験をしたことがある私は、円盤を秒速2㎞でバラバラになることなく飛ばせるのは、せいぜい数mだったことを思い出し、はやぶさ2の挑戦は無謀だと考えていました。しかし、神岡での試験を見せてもらい、最近のこの分野の技術の進歩には素晴らしいものがあると感じました。100万分の1秒の超高速写真で、円盤がヘルメット状に変形しながら100m先の土壁に衝突し、大きなクレーターをつくる様子を見届けることができました。しかし、詳細は学会で公表されることになっており、その前に私が新聞に書くことは許されないと考えました。次の機会には、今回書けなかったエキサイティングな出来事を紹介したいと考えています。本当に、宇宙開発にはワクワクするできごとがいっぱいです。

新聞や本書に美しい写真やイラストを数多く掲載できたのはJAXA、米航空宇宙局（NASA）はじめ多くの機関、個人から使用を快諾していただいたからです。それぞれに提供元を明記し、謝意に代えたいと思います。

私は、物理学出身の正真正銘の理系人間です。私の書く原稿は、エッセーにもかかわらず、正確を期そうと数字や学術用語の多い読みづらいものになりがちでした。中日新聞の谷村卓哉、紙山直泰の両記者には新聞連載や書籍化にあたり、私の原稿を読みやすく直していただきました。また、出版にあたり同社出版部の小松泰静さんより多くのアドバイスをいただきました。記して感謝申し上げます。

澤岡　昭

澤岡　昭（さわおか　あきら）

北海道生まれ。1963年、北海道大学物理学科卒。同大大学院博士課程中退。大阪大学基礎工学部助手、東京工業大学工業材料研究所（現、応用セラミックス研究所）を経て99年退官。大同工業大学（現、大同大学）学長に就任し、同時に宇宙航空研究開発機構技術参与として国際宇宙ステーションの応用利用計画を推進。現在、顧問。理学博士。

宇宙はすぐそこに―「はやぶさ」に続け！

2012年4月23日　初版第1刷発行
2012年5月5日　初版第2刷発行

著　者　大同大学長・JAXA顧問　澤岡　昭

発行者　山口　宏昭

発行所　中日新聞社
〒460-8511
名古屋市中区三の丸一丁目6番1号
TEL　052(201)8811(大代表)
　　　052(221)1714(出版部直通)
郵便振替　00890-0-10番

印刷所　長苗印刷株式会社

定価はカバーに表示してあります。
乱丁・落丁本はお取り替えいたします。

ISBN978-4-8062-0640-8 C0044